LE CATACLYSME

LE CATACLYSME

ANNONCÉ

PAR LES APPARITIONS DE LA VIERGE

EN FRANCE,

Par Pierre LACHÈZE (de Paris).

> C'est de la bouche des enfants et des petits à la mamelle que vous avez tiré la louange la plus parfaite pour exterminer l'impie ; car je verrai les cieux, le chef-d'œuvre de votre puissance, la lune et les étoiles que vous avez créées. (Ps. 8, 3, 4.)

PÉRIGUEUX

IMPRIMERIE DUPONT ET Cᵉ.

—

1874

AVANT-PROPOS

Les nombreuses apparitions de la Vierge en France ont frappé tous les esprits, soit pour y adhérer, soit pour les combattre. Mais on peut dire que la lutte a tourné à l'avantage des apparitions, pour constater la vérité des témoignages qu'apportaient des enfants : *Exe ore infantium et lactentium perfecisti laudem, ut destruas inimicum et ultorem.*

Le monde catholique s'est ému en voyant les signes qui suivaient cette éloquente prédication de la Mère de Dieu elle-même. Tous les fidèles ont désiré voir ces lieux bénis consacrés par sa présence, et le plus grand nombre a bu de ces eaux vivifiantes qui rendent la santé aux malades et convertissent les pécheurs.

Mais il ne suffit pas de fonder des basiliques, d'organiser des pélerinages, de proclamer par des *ex-voto* et des relations fidèles les grâces abondantes qui ont été et sont accordées aux hommes de foi, il faut entrer dans le détail des circonstances qui accompagnent ces faits merveilleux ; il faut expliquer tous ces emblèmes sous lesquels la sainte Vierge apparaît ; il faut même pénétrer, autant que possible, dans les secrets de la Salette, de Lourdes, de Pontmain, de l'Alsace, de Paris, de Samois et de Fontet, et reconnaître le but unique que s'est proposé la Providence dans ces récentes apparitions. Le prodige attendu va renouveler la face du globe par un de ces coups qui renversent et les ressorts de la politique et toutes les machinations de l'enfer.

Pour justifier un titre aussi extraordinaire que celui de CATACLYSME, que nous avons posé sur cet opuscule, il nous convient, avant d'administrer par les apparitions de la sainte Vierge les preuves de cette terrible annonce, d'entrer dans l'esprit de ces paroles du Christ : *Le Fils de l'homme ne viendra point avec éclat.* Non, malgré les signes visibles des révolutions des astres, le monde, trompé par le système de Galilée, tout hypothétique et absurde qu'il est, principalement en ce qui concerne les mesures du méridien, le monde ne croira point au dernier et prochain avénement du Fils de l'homme !

Mais, d'un côté, nous suivons depuis vingt ans les remarques des savants sur les commotions astrales, et même encore aujourd'hui nous voyons, sur le rapport de M. Tacchini, *la planète Jupiter dans une telle variabilité* (1), qu'une large échancrure, sous la forme d'un cimeterre, apparaît tout récemment dans son disque, ainsi que l'on peut s'en assurer par la figure de la planète dans le livre publié par M. Rambosson, p. 293. Alors nous demandons quand auront lieu *ces signes dans le soleil, la lune et les étoiles* annoncés dans l'Evangile, si ce n'est maintenant pour le soleil par les taches énormes qui obscurcissent et altèrent ses rayons, pour

---

(1) « En comparant mes dessins exécutés pendant l'année 1872 et le dessin actuel avec ceux de 1867 et 1871, dit M. Tacchini, on voit que la planète Jupiter se trouve dans une période de variabilité. » (Académie des sciences, 17 février 1872.) Ce sont des signes comme les *explosions solaires* observées par le P. Secchi. (Voir M. Rambosson : *Histoire des Astres*, pages 89 et 293.)

la lune par la disparition de la montagne Linné, pour les étoiles par le nombre incalculable de planètes, de comètes et même d'aérolithes, dont les découvertes, qui flattent les savants, ne sont rien moins que rassurantes, puisqu'elles sont la cause du changement des saisons, et sur tout le globe des maladies jusqu'alors inconnues qui frappent les plantes et les animaux.

D'un autre côté, nous appuyant sur les révélations de sainte Hildegarde, que nous avons toutes expliquées, nous savons, d'après son enseignement, conforme à ce que nous avons énoncé dans notre *Système du monde d'après Moïse*, avant même que nous eussions pris connaissance des longues colonnes de son livre admirable, nous savons qu'une grande commotion astrale se prépare pour le *nouveau ciel et la nouvelle terre*, dont parle saint Pierre dans ses épîtres, *car le Seigneur fait tout avec nombre, poids et mesure* (Sagesse II, 21); et si nous touchons au terme assigné dans l'Apocalypse pour la fin des temps, il est nécessaire qu'il y ait une préparation presque centenaire, à commencer par la découverte de la planète Herschell en 1800.

Nous sommes donc plus qu'autorisé à réveiller un soupçon qui plane dans les esprits chrétiens et sérieux au-dessus d'un monde frivole ou indifférent, et qui se révèle de plus en plus, par les apparitions de la sainte Vierge, à savoir la régénération physique et morale du monde entier.

Au reste, nous ne proposons à notre public religieux nos explications que sous la réserve expresse de notre soumission à l'autorité ecclésiastique.

LE CATACLYSME

§ 1ᵉʳ — Notre-Dame de la Salette.

Les textes que nous venons de citer dans l'épigraphe démontrent *les magnificences du Très-Haut au-dessous des cieux et l'éclat de son nom par toute la terre.* (Ps. 81, 2.) C'est, en effet, d'abord à Notre-Dame de la Salette, en 1846, que la sainte Vierge est apparue à deux jeunes pâtres : Maximin et Mélanie. Et, malgré les scandaleuses assertions de Mˡˡᵉ de la Merlière, qui osait prétendre en plein tribunal qu'elle avait elle-même, sous des vêtements de différentes formes et de diverses couleurs, fasciné les yeux des deux enfants ; bien que l'on oppose que la conduite de Maximin ne corresponde pas à l'importance de sa mission ; quoique l'on dise que les secrets sont révélés et qu'ils n'ont pas la portée qu'on devait en attendre, le chef de l'Eglise, le très-sage Pie IX n'en a pas moins permis l'érection d'une basilique et autorisé les pèlerinages à la Sainte-Montagne. La source, jusqu'alors intermittente sur ces pics élevés, a réveillé ses abondantes veines pour ne cesser de fluer et de guérir les malades, depuis que *Notre-Dame Réconciliatrice* est venue les attirer par ses pleurs. Les tubercules ne cessent d'être attaqués, et la vigne continue à pleurer, parce que le monde ne répond pas en assez grand nombre à l'appel plaintif de la Mère de Dieu.

Les personnes respectables qui disent à l'assemblée des pèlerins : « Vous qui attendiez des signes extraordinaires au ciel et sur la terre, et dont la simplicité était abusée par de fausses prophéties, ouvrez les yeux, regardez, voilà le miracle; ce miracle, c'est vous-mêmes ! » ces personnes, disons-nous, n'ont rien compris aux nombreuses manifestations de la Mère de Dieu en France depuis 1846. Les pélerinages *si bien organisés*, selon la manière de parler de nos ennemis les plus acharnés, ont été provoqués par les nombreuses apparitions de la sainte Vierge en France, et les miracles qui ont suivi ces manifestations ont engagé tout le peuple fidèle à se précipiter en foule aux divers lieux de ces apparitions par les voies ferrées pour crier miséricorde et obtenir pardon. Et c'est un autre miracle, en effet, à la suite des premiers, que de voir l'accomplissement de la prophétie de saint Jean-Baptiste : *Préparez la voie du Seigneur, rendez droits ses sentiers ; toute vallée sera comblée ; toute montagne et toute colline sera abaissée ; les chemins tortueux seront redressés, les voies difficiles seront aplanies, et toute chair verra le salut de Dieu.* Voilà prédits pour les enfants de Dieu les immenses avantages des chemins de fer à la fin ; ils peuvent contempler dans leurs pélerinages le SALUT DE DIEU pour la conversion de l'âme et le rétablissement du corps.

Il en est de l'accomplissement de cette prophétie pour les pélerinages comme du triomphe de Notre-Seigneur à Jérusalem, après la résurrection de Lazare. Ce miracle attire les multitudes pour l'entrée triomphale de Notre-Seigneur Jésus-Christ prédite par les prophètes Isaïe et Zacharie. On peut dire, en effet, sans pétition de principe, que ce miracle confirme la prophétie, puisque, sans le miracle, la prophétie n'aurait pu se réaliser (saint Jean 12, 18) ; et que cette prophétie confirme ce miracle, puisque la foule en la réalisant rendait témoignage au miracle. (Saint Jean, 12, 17 ; Isaïe, 42, 1 ; Zacharie, 9, 9.)

Mais, sans nous occuper ni des enfants de la Salette, ni de leurs secrets, ni de leur conduite (1), essayons de trouver par NOTRE-DAME RÉCONCILIATRICE la signification que son apparition peut avoir, pour y découvrir une relation avec les apparitions subséquentes, et

---

(1) Tout ce que l'on connaît de Mélanie et de la correspondance n'a rien que d'édifiant ; quant à Maximin, dont la manière de vivre serait plus mondaine, voici un fait qui nous est raconté, et qui prouverait que l'esprit prophétique ne l'aurait point abandonné ; or il est certain que *Dieu n'exauce point les pécheurs.* (Saint Jean, 9,

aussi l'interprétation conforme aux emblêmes qu'elle a daigné prendre ; car les emblêmes sous lesquels la sainte Vierge apparaît démontrent, comme dans les autres apparitions, le but qu'elle s'est proposé dans ces temps de crise ou plutôt d'agonie.

L'apparition eut lieu le 19 septembre 1846 (1). C'était le dernier jour des Quatre-Temps, veille cette année de *Notre-Dame des Sept Douleurs*, et à l'heure des premières vêpres, c'est-à-dire à l'heure même où l'Eglise chantait dans son office ces paroles : Oh ! de quelle abondance de larmes est inondée la Vierge-Mère ! Quelle angoisse ! Quelle douleur ! » C'est donc un renouvellement de la grande affliction qui brisa le cœur de Marie au Calvaire, lorsque, debout près de la croix, elle y voyait son Fils crucifié, et qu'elle pleurait aussi sur le genre humain et sur son ingratitude. Là, dix-huit siècles plus tard, sur la montagne de la Salette, au fond d'un ravin, elle pleure (c'est la même douleur qu'elle avait éprouvée pour les hommes au Calvaire), elle pleure, et Mélanie voit ses larmes couler à travers ses mains, dont elle couvre sa face aimable : « Depuis longtemps je souffre pour vous, dit-elle, car je ne puis retenir le bras de mon

---

31.) C'était avant nos malheurs. Monseigneur Darboy, dans sa détresse, voulait interroger les enfants de la Salette, pour savoir quelle en serait la fin. Maximin lui fut présenté : « Donnez-nous, dit le prélat, une preuve de votre mission ; vous qui prétendez avoir vu la sainte Vierge, quel signe apporterez-vous de la sincérité de votre témoignage ? » Alors le jeune homme, juridiquement interpellé par l'archevêque, ne fit pas à Sa Grandeur d'autre réponse : « Monseigneur, comme témoignage de la valeur de mes récits, je vous annonce que dans trois ans vous serez FUSILLÉ. » « Ah ! répondit monseigneur Darboy, je vois bien là, au contraire, une preuve de la futilité de vos assertions ; je comprendrais qu'un général ou un militaire gravement en défaut contre la discipline passât par les armes, mais un archevêque, jamais. » « Monseigneur, je vous assure que dans trois ans vous serez fusillé. » Et trois ans plus tard l'archevêque, mieux informé dans sa prison, ainsi qu'il l'a avoué lui-même, tombait *fusillé* rue Haxo, en bénissant la soldatesque de la Commune.

(1) Le glorieux pontife Pie IX a commencé, dès cette année 1846, cette longue série d'actions apostoliques qui ont marqué son pontificat, quoiqu'au bout de 28 ans il n'ait pas encore atteint les années de Pierre : *Non videbis annos Petri.* Car il faut compter, en outre des 25 ans de la chaire de saint Pierre à Rome, la durée de la chaire de saint Pierre à Antioche, l'œil de l'Orient, et même la durée de la chaire de saint Pierre à Jérusalem.

Fils irrité contre vous. La profanation du dimanche et le blasphème provoquent la colère de Dieu ; et sa vengeance se manifeste sur les fruits de la terre. Plus de prière du matin et du soir, plus de messe le dimanche, plus de carême, plus d'abstinence ; et c'est pourquoi le bras de Dieu s'appesantit sur les moissons. Or, ce que je vous dis, mes enfants, je le dis pour tout mon peuple. Annoncez-lui donc les menaces de la Salette. »

Allez dire maintenant aux hommes de cette génération, en employant les lamentations du prophète, que *le figuier ne fleurira plus, qu'il n'y aura plus de bourgeons aux vignes, que l'olivier trompera le travail, et que les champs ne produiront plus, que les troupeaux seront enlevés de leurs bergeries, que le grand bétail ne sera plus aux crèches* (Habacuc, 3, 17), ils ne voudront considérer comme des fléaux la maladie des tubercules, ou l'oïdium ou le phyloxéra sur les vignes, ou les gelées qui brûlent les fruits de l'olivier, ou l'épizootie. Parlez-leur avec le Psalmiste (104, 34, 35) de *cette infinité de sauterelles et de vers qui accourent dévorer toute l'herbe de la terre, et* consumer *tous les fruits de la campagne,* ils répondront : « Il s'agit dans ce passage des fléaux d'Egypte. » Dites avec Joël (1, 4) : *Le reste de la mouche a été rongé par la sauterelle, le reste de la sauterelle a été rongé par la cigale, le reste de la cigale a été dévoré par le ver,* ils vanteront le progrès qui par les voies ferrées empêche les peuples d'éprouver, comme autrefois, les horreurs de la famine ; et, malgré les statistiques qu'ils dressent eux-mêmes sur les peuples que le fléau a dévorés et qui décime encore l'Inde à l'heure qu'il est, ils se gardent bien d'avouer que ce fléau est l'accomplissement de la prophétie de Notre-Seigneur Jésus-Christ lui-même dans l'Evangile : *Il y aura des famines.* (Saint Mathieu, 24, 7.) Enfin mettez-leur devant les yeux les menaces de Moïse contre les prévaricateurs de la loi parmi le peuple de Dieu : *Je vous propose le bonheur et la vie, le malheur et la mort, selon que vous serez fidèles ou prévaricateurs* (Deutéronome, 30, 15, 19), ils se riront des menaces, en disant que les temps sont passés où l'on pouvait faire de la théocratie ; comme si sous toutes les formes de gouvernement nous n'étions pas sous la dépendance du Très-Haut. Ah ! faut-il entendre Isaïe dans le sublime langage qu'il emprunte à Dieu même : *Où pourrai-je vous frapper désormais, si vous ajoutez le crime de la prévarication? Car déjà tout esprit languit, tous les cœurs sont dans la tristesse. Depuis la plante des pieds jusqu'à la tête, ce peuple n'a aucune partie saine. On ne voit que blessure, que pâleur, que plaie envenimée, sans être bandée, sans adoucissement aucun. Voyez plutôt votre terre déserte, vos villes la proie des flammes, votre pays sous vos yeux dévoré par les étrangers, désolé comme par le ravage de l'ennemi.* (Isaïe 6, 7.)

Non, nous écoutons seulement le langage attendrissant de Notre-Dame de la Salette, et nous comprenons sa douleur qui compatit à tous nos maux en voyant sur son cœur tous les instruments de la Passion.

Reprenons les différentes circonstances de l'apparition, et tâchons de les expliquer pour avoir aussi le sens des autres apparitions qui ont suivi.

Les enfants voient d'abord étendues les mains de la sainte Vierge, pour montrer le rapport qu'il y a entre la médaille miraculeuse en 1830, où la sainte Vierge est aperçue jetant de ses mains des rayons de lumière, et cette nouvelle apparition en 1846, qui nous fait espérer le puissant secours de NOTRE-DAME RÉCONCILIATRICE à la Salette. Puis ils voient la tête et toute la personne, pour marquer de trois manières différentes, ainsi qu'il sera dit plus loin, les communications toutes spirituelles de ses grâces afin d'accomplir son œuvre. (Hic p. 9. *Echo de Rome*, p. .)

Le centre de l'auréole de Marie est d'une lumière plus intense et plus vive que celle de son rayonnement extérieur pour vérifier ces paroles : *Toute la gloire de la fille du roi est à l'intérieur* (Ps. 44, 14) ; mais l'espace qui sépare l'une et l'autre gloire est si étroit qu'on peut dire que c'est la même ; car en continuant le psaume on lit : *Sa robe est ornée de franges d'or rehaussant l'éclat varié de sa parure.* A nos yeux mortels il faut une représentation extérieure ; voilà pourquoi l'on distingue sa robe qui recouvre entièrement ses mains lumineuses, sa couronne ou diadème de roses de différentes couleurs qui cache les cheveux, cet ornement dont les femmes tirent vanité. Un léger voile ressemble à une guimpe de religieuse, pour nous montrer en elle le modèle et la reine de toutes les religieuses. Si Maximin ne peut voir que le bas de son visage, tandis que Mélanie peut apercevoir les pleurs tombant de ses yeux pour s'évaporer à sa ceinture, c'est pour recommander la modestie qui convient aux femmes, surtout à celles qui sont consacrées à Dieu. Les larmes de Marie s'évaporent à la ceinture, parce que c'est, comme à Samois, la ceinture virginale de Marie qui fait sa force et sa consolation, de même que la ceinture virginale de sainte Marthe domptait le monstre qu'elle amenait lié à sa ceinture et vaincu devant les peuples de la Provence.

L'apparition coïncide exactement pour l'heure avec les derniers moments de l'agonie du divin Rédempteur, puisqu'elle a duré de deux heures et demie à trois heures. La tête a disparu la première, comme si Marie s'élevait vers le ciel étant suspendue au-dessus du sol ; en conséquence, les bras disparaissent ensuite, quoiqu'ils aient apparu les premiers, puis les pieds dans une dernière lueur qui persiste. Il nous semble entendre alors les anges dire aux petits bergers : « *Pourquoi regardez-vous ainsi le ciel ?* comme ils l'avaient dit aux apôtres témoins de l'ascension de Notre-Seigneur. Et les enfants de la Salette ont fait, d'après les ordres de Marie, le récit de l'apparition à Pie IX, afin que nous en retirions des fruits de conversion et de salut.

Mais, sous le poids des menaces, n'oublions pas non plus les promesses qui concordent avec celles des autres apparitions : « Si les hommes se convertissent, les pierres et les rochers se changeront en monceaux de blé, et les pommes de terre se trouveront ensemencées d'elles-mêmes. » Ceci arrivera lors du renouvellement physique de toute la nature par suite des commotions continentales et astrales prédites à la fin par tous les prophètes.

§ 2. — Notre-Dame de Lourdes (1).

Ce qui doit le plus surprendre à Lourdes, c'est, sans contredit, le jaillissement de la source miraculeuse. Or, voici ce qu'on lit en note (p. 121) dans l'ouvrage de M. Lasserre : *Ordo* de 1858, 25 février jeudi de la première semaine de carême, office de matines, Ps. LXXVI : *Viderunt te aquæ, Deus, viderunt te aquæ* (2); puis à la page 123 : « Et maintenant, reprit la Vierge après un silence,

---

(1) Lorsqu'on arrive à Lourdes en chemin de fer en venant de Pau, on aperçoit à droite la grotte illuminée ; alors un saisissement religieux s'empare de tous ceux qui conservent des sentiments de foi ; ils se mettent à genoux dans le wagon, ils se signent et invoquent Marie chacun à part ; puis, devenus les témoins du jaillissement de la source miraculeuse, à deux mètres au-dessus du Gave de Pau, ils s'écrient : « Nous avons donc la consolation de contempler de nos yeux un véritable miracle ! »

(2) M. Lasserre (p. 121) est sous l'impression des paroles du psaume 76 : *Viderunt te aquæ, Deus, viderunt te aquæ*, lorsqu'il parle du jaillissement de la fontaine à Lourdes ; de même à nous, étant à Lourdes la veille du jeudi de la première semaine de carême, le rit de l'Eglise nous rappelle ces mêmes paroles : *Les eaux vous ont vu, Seigneur, oui, les eaux vous ont vu.*

Et nous lisons encore les psaumes 76 et 77, sous la même antienne : *Tu es, Deus, qui facis mirabilia solus. Vous seul opérez des merveilles, ô grand Dieu,* paroles qui dans le psaume sont suivies de celles-ci : *Viderunt te aquæ, Deus, viderunt te aquæ.*

Et encore en lisant le psaume 141 qui commence par les mêmes paroles : *Voce med ad Dominum clamavi,* nous entrons, au milieu de nos malheurs, dans l'esprit de ce psaume, pour rappeler la fontaine jaillissante de Lourdes : *Viderunt te aquæ, Deus, viderunt te aquæ.*

Puis au dimanche de la Quinquagésime cette année, au moment où nous livrons cet opuscule à l'impression, on chante partout à l'office : *Vous êtes, ô grand Dieu, le seul qui opérez des prodiges.*

Chose surprenante ! tandis que les fontaines sont sur le point de disparaître ou du moins d'abaisser leur niveau, et que l'étiage des rivières est en général fixé plus bas, le Seigneur fait jaillir de nouvelles sources pour opérer la guérison de l'âme et du corps. La diminution des sources, ce phénomène inouï jusqu'à ce jour, provient des taches énormes qui couvrent le soleil, et diminuent sa force d'attraction, pour soulever *les continents placés au-dessus des mers* (Ps. 22, 2), et lui empêchent d'opérer le jeu de pompe qui ramène les sources à la surface : *Les fleuves reviennent à leurs sources.* (Eccles. 1, 7).

Ces eaux de Lourdes sont non-seulement miraculeuses, mais elles opèrent aussi des prodiges. Le petit-fils, que nous pressions sur notre cœur en cherchant à le rappeler à la vie, a presque instantanément été guéri d'une chute de quinze pieds de haut sur la tête, après avoir bu de l'eau de Lourdes.

allez boire et vous laver à la fontaine, et mangez l'herbe qui pousse
à côté ; » plus loin, à la même page : « N'allez point là, disait la
Vierge, je n'ai point dit de boire au Gave, allez à la fontaine, elle
est ici ; » puis p. 124 : « Bernadette se baissa, et gratta le sol avec
ses petites mains au moment où tous les spectateurs étaient sur le
point de se retirer, en voyant cette façon d'agir qu'ils considéraient
comme un acte de folie. Bernadette se mit à creuser la terre.........
Tout-à-coup le fond de la petite cavité creusée par l'enfant devient
humide. » « A la quatrième fois, dans un sublime effort, elle surmonte
la répugnance que lui causait cette eau bourbeuse, elle boit et se
lave, elle mange une pincée de la plante champêtre qui poussait au
pied du rocher. En ce moment la source franchit les bords du petit
réservoir creusé par l'enfant. » (p. 125). « Le lendemain, la source
grandit à vue d'œil, sort du sol pour un jaillissement de plus en
plus fort, elle coule déjà de la grosseur du doigt. Toutefois le travail intérieur qu'elle opérait à travers la terre pour se frayer son
premier passage la rendait encore bourbeuse. Ce fut seulement au
bout (p. 126) de quelques jours qu'après avoir augmenté en quelque
sorte d'heure en heure, elle cessa de croître et devint absolument
limpide. Elle s'échappa dès lors de la terre par un jet considérable
qui avait à peu près la grosseur du bras d'un enfant !... Reprenons
les événements où nous venons de les laisser, c'est-à-dire au jeudi
matin VINGT-CINQ FÉVRIER VERS SEPT HEURES. »

Or il y eut dix-huit apparitions : deux d'abord le jeudi gras, 11
février, fête de sainte Geneviève. (ORDO du diocèse de Tarbes 1858,
11 février : *Sanctæ Genovefæ.*) La seconde eut lieu le dimanche 14
février, et le premier des quinze jours successifs d'apparition était
le 18 février jeudi de la première semaine de carême. Le 22 février,
Bernadette fut irrésistiblement poussée vers la grotte, malgré la
défense que son père lui avait faite d'y aller ; mais il n'y eut pas
d'apparition. C'était la fête au Missel romain de la chaire de saint
Pierre à Antioche ; et le 25 février la source commençait à jaillir (1).

(1) Que dirait le pèlerin qui partirait de sainte Geneviève de Paris, presqu'au jour
anniversaire où le 11 février 1858, fête de sainte Geneviève dans le diocèse de Tarbes. Bernadette Soubirous a été favorisée de la première apparition de Notre-

La dernière apparition eut lieu le 25 mars, fête de l'Annonciation. La sainte Vierge s'était déjà nommée : « Je suis l'Immaculée-Conception ! » (1)

Le rapport qui existe entre Notre-Dame de la Salette au sommet des Alpes et Notre-Dame-de-Lourdes au pied des Pyrénées, est que la Vierge paraît à la Salette avec les insignes de la médaille miraculeuse de Marie immaculée, et que la Vierge dit à Lourdes : « Je suis l'Immaculée-Conception. »

Ce rapprochement ressort encore plus de nos remarques (2).

Dame de Lourdes ? le pèlerin, qui se trouverait à la même heure, au même jour anniversaire du jaillissement de la fontaine, à sept heures du matin, au fond de la nouvelle église alors en construction, dans la chapelle souterraine, au point le plus rapproché de la sacristie à droite, précisément au-dessus de la grotte et de la fontaine jaillissante...... ? L'évêque de Tarbes approuve ces apparitions le jour de la chaire de saint Pierre à Rome, et la messe qui se dit à Lourdes, en ce même jour 25 février 1870, est, dans le diocèse de Tarbes, la fête remise de la chaire de saint Pierre à Rome ? Ces remarques sur Lourdes ont été transcrites le 21 février 1872, veille de la fête de la chaire de saint Pierre à Antioche. Que conclure ? sinon que ces révélations ont lieu sous les auspices de sainte Geneviève, à l'éclat de la chaire de saint Pierre, pour confirmer le glorieux apostolat de Pie IX !

(1) « Je suis l'Immaculée-Conception. » — C'est la lumière, c'est le triomphe de l'*Immaculée-Conception*. Nous entendons, en effet, les jours de sainte Agathe et de sainte Lucie, ces remarquables paroles : *Il les a abreuvés aux eaux de la sagesse, qui doit les affermir d'une manière inébranlable et les élever pour jamais. Rendez gloire à Dieu, invoquez son saint nom, annoncez ses œuvres parmi les peuples.*

(2) C'est dans les trois états de la sainte Vierge que nous la verrons dans les autres apparitions, enfant comme la fille du Père, mère de douleur de son Fils crucifié, épouse du Saint-Esprit et Reine, dominant les anges pour l'observation de la loi par l'intimation de ses ordres. (Hic, p. 5, *Echo de Rome, p. 40.*)

Le but des apparitions de la Salette et de Lourdes doit être manifeste pour tous. Car, si nos deux ouvrages publiés en 1840 et en 1846 et qui renferment l'explication des prophéties de l'Ancien et du Nouveau Testament, annoncent comme prochaine la perturbation des astres pour l'accomplissement de ces paroles : *Erunt signa in sole et lunâ et stellis,* une autre explication des saints Livres nous fait remarquer les divers phénomènes désastreux qui altèrent la lumière du soleil et de la lune diminuant leurs disques et qui changent l'aspect des planètes et même des étoiles. Ce dont les savants font jactance par la découverte de nouvelles planètes et de nouvelles comètes, devrait, au contraire, être et pour eux et pour nous un vaste sujet de lamentation : c'est la préparation du grand CATACLYSME. Nous devons nous frapper la poitrine en suivant les conseils de Marie à la Salette, *elle qui ne peut plus retenir le bras de son Fils :* l'Agneau lui-même s'irrite, et ceux qu'elle donne à Lourdes, quand elle crie par trois fois : *pénitence, pénitence, pénitence.* Nous la verrons de même, dans les autres apparitions, emprunter les emblêmes de la colère du Très-Haut.

2

§ 3. — La Vierge de Pontmain, près Laval.

C'était après de nombreux revers de nos armées, ce moment formidable où les Prussiens avaient résolu d'envahir jusqu'à la dernière bourgade de la France, que la sainte Vierge apparaît à Pontmain pour nous consoler en arrêtant le flot destructeur de notre implacable ennemi. Pour juger de l'importance de cette apparition, il suffit de lire la lettre pastorale de Mgr l'évêque de Laval au sujet de la retraite des Prussiens, lettre qui renferme les premières informations sur le fait de l'apparition de la sainte Vierge à Pontmain.

« Laval, le samedi saint, 8 avril 1871. »

» Messieurs et chers coopérateurs,

» Avant d'ouvrir dans quelques jours la longue série de nos visites pastorales de cette année, je désire publier quelques lignes sur ce qui s'est passé dans nos murs le 20 janvier 1871, et sur le fait qui s'est produit dès le 17 du même mois dans la petite paroisse de Pontmain. Nous ne caractériserons ni ne qualifierons les circonstances de ces faits, mais nous les croyons dignes d'être l'un et l'autre relatés dans vos archives paroissiales, à côté et à la suite des cris de douleur que nous a tant de fois arrachés la triste époque que nous traversons, et dont nous ne sommes qu'incomplétement sortis.

« Ce fait de Pontmain, Messieurs, qui devait bientôt se répandre dans toutes les parties du diocèse, puis de la France entière et même au-delà de nos frontières, nous était totalement inconnu, quand, dans la journée du 20, l'admirable élan des religieux habitants de notre ville nous entraînait avec eux aux pieds de Notre-Dame d'Avénières pour prononcer du haut de la chaire, après nos humbles supplications, le vœu que faisaient avec nous les trois ou quatre mille personnes réunies devant son image vénérée, de restaurer la tour et la belle flèche de son église, si la protection puissante de la Vierge immaculée, Mère de Dieu et notre mère profondément aimée, daignait nous protéger de l'incendie et du pillage qui nous menaçaient de si près. Qui ne se souvient, en effet, du trouble qui dans ce moment agitait tous les cœurs ? Les canons et les mitrailleuses couvraient les hauteurs et tous les points de la défense de la ville ; tous les ponts de la Mayenne étaient minés et prêts à sauter avec d'horribles dégâts sur ses deux rives. Les généraux avaient ordre de se défendre à toute outrance et tout s'y préparait. L'ennemi était proche. Déjà un premier combat avait eu lieu à trois kilomètres à peine de Laval, et les premières victimes tombées avaient été ramenées sanglantes dans nos murs. De nouvelles attaques étaient attendues d'instant en instant. Un quartier-général était établi en avant de la ville, et une batterie d'artillerie avec ses mitrailleuses et des troupes sous les armes étaient postées près de Saint-Michel. Il n'y eut rien cependant dans la soirée.

» Le lendemain, aussi loin que les éclaireurs français purent se porter, ils n'aperçurent tout le long de la rivière, sur la rive gauche, que d'innombrables soldats Prussiens, dont il était impossible de découvrir les mouvements ou de deviner les intentions. De part et autre, il n'y eut aucune manifestation.

» Le surlendemain, vendredi, quatre coups de canon retentirent. On ne sait d'où ils venaient; ils parurent jeter l'effroi dans toutes les âmes. C'est dans ces sombres circonstances, messieurs, que commençait notre humble et ardente prière. Elle s'achevait dans le calme ; les cœurs chrétiens semblaient rassérénés. La nuit fut tranquille, la journée suivante le fut également. On allait à la découverte, on s'étendait dans toutes les directions et l'on ne voyait plus rien. Quelques jours après nous acquérions la certitude qu'il restait à peine quelques groupes de Prussiens, çà et là, aux extrêmes limites du département, du côté de la Sarthe et de l'Orne.

» Je livre cet exposé, messieurs, à votre appréciation individuelle et à celle de vos paroissiens, sans y joindre aucune observation. J'espère seulement que vous voudrez bien unir vos sincères actions de grâces à celles qui s'élevèrent à Laval au fond de tous les cœurs vers l'immaculée Vierge, Mère de Dieu, notre patronne et protectrice spéciale depuis la première fête que nous célébrâmes en son honneur, peu de temps après l'installation définitive d'un siége épiscopal au milieu de vous.

» Ce fut sur ces entrefaites, et durant les premières impressions de ce grand bienfait de notre délivrance, messieurs, que nous vint inopinément de Landivy, dans un récit très-détaillé, la première nouvelle des choses fort extraordinaires qui venaient de se produire, nous écrivait-on, dans la petite paroisse de Pontmain, le 17 janvier vers six heures du soir, et qui s'étaient prolongées jusque vers neuf heures. Le prêtre judicieux et digne de toute notre confiance qui nous envoyait ce rapport nous déclarait qu'invité par le bon curé de la paroisse à vouloir bien se rendre sur les lieux pour prendre connaissance de ce qu'auraient à lui dire quatre de ses jeunes paroissiens, il n'avait pas cru devoir se refuser à un désir très-vivement exprimé, mais qu'en partant il était bien disposé à ne rien croire de ce qu'il entendrait.

» Il en fut autrement néanmoins. Après avoir successivement et séparément entendu chacun de ces enfants, après leur avoir fait de très-nombreuses objections, et après avoir pris tous les moyens possibles pour les mettre en contradiction les uns avec les autres, ou avec eux-mêmes, après les avoir vus, sur tous les points, affirmer invariablement les mêmes déclarations, avec les apparences les plus évidentes d'une intelligence remarquable et droite, et en même temps d'une conscience incapable d'inventer et soutenir imperturbablement une série de mensonges qui seraient horribles en matière si grave, le respectable doyen sentit, sans en rien manifester, des sentiments nouveaux se former dans son âme, et sa lettre me les avouait. »

» Cette intéressante lettre pourtant resta quelque temps sans réponse. Il en vint d'autres auxquelles il ne fut rien répondu. Puis quelques explications furent demandées, quelques avis donnés ; et un peu plus tard un nouveau rapport plus précis, plus complet, me fut envoyé, mais sans rien changer d'essentiel ni rien ajouter au premier exposé. Ces renseignements, quelqu'estimables qu'ils fussent, ne pouvaient nous suffire, et il nous devint très-agréable que des prêtres connus de Laval et des professeurs de notre séminaire allassent, presque sans mission formelle, visiter Pontmain, voir et faire parler les enfants. L'un de ces messieurs y fit deux voyages, y passa tout le temps nécessaire pour recueillir auprès des enfants, de leurs parents, de leurs institutrices et de la population presqu'entière, tout ce qui pouvait répandre quelque lumière sur l'ensemble des faits énoncés et sur la valeur qu'il convenait d'attribuer au témoignage rendu par les enfants. On a pu lire le résultat de ces recherches dans le petit écrit que l'auteur a rédigé et fait imprimer (avec permission de l'évêché), sous ce titre : *l'Evénement de Pontmain.*

» Enfin tout récemment M. Vincent, notre vicaire-général, a été prié et chargé par moi de se rendre dans cette paroisse avec M. l'archiprêtre d'Ernée et M. le doyen de Landivy comme assistants à l'effet d'ouvrir une enquête canonique sur toute l'affaire et sur tout ce qui s'y rattache. Cette enquête a eu lieu aussi ample que possible. Elle ne contredit en rien d'important les récits antérieurs dont il est parlé plus haut ; elle redresse seulement et fait disparaître une légère inexactitude qui s'était glissée dans la première édition de la brochure livrée au public. Ce n'est qu'une simple nuance, que l'auteur n'a pas bien saisie, et dont il ne reste plus trace dans les éditions subséquentes.

» Rien n'annonce d'ailleurs qu'il y aurait d'autres modifications à faire, et, en toute autre matière, nous n'hésiterions pas à prononcer que la cause est suffisamment instruite. Mais l'Église n'a point l'habitude d'aller si vite dans ses jugements. Nous ferons comme elle a toujours fait. Tout le dossier restera provisoirement à l'étude entre nos mains ; et, si le moment vient, comme nous croyons pouvoir l'espérer, où il nous sera possible et permis de déclarer que ce n'est pas un abominable concert de quatre jeunes enfants, qui auraient inventé cette étrange histoire, mais que ces enfants, dont le plus âgé n'a que douze ans, appartiennent à de très-honnêtes familles, bien sincèrement chrétiennes, qu'ils ne manquent pas d'intelligence, qu'ils sont vertueux et pieux, et qu'il n'y a pas ombre d'hallucination ni de mensonge dans leurs dires, cela sera très-certainement déclaré. Et

en même temps il devient possible et évidemment permis, comme
nous osons également l'espérer, de prononcer en sûreté parfaite de
connaissance et de conscience que c'est la Vierge immaculée, notre
Mère et patronne perpétuelle, qui a daigné se montrer elle-même
pendant plus de deux heures à ces pieux et innocents enfants, au
milieu d'une foule attentive et attendrie de chrétiens qui ne voyaient
rien ; que c'est elle-même qui a daigné, le 17 janvier 1871, faire
briller à leurs yeux, en grandes lettres d'or, successivement pro-
duites ces mots : « MAIS, PRIEZ, MES ENFANTS, DIEU VOUS EXAUCERA
EN PEU DE TEMPS; MON FILS SE LAISSE TOUCHER, soyez sûrs que nous
proclamerons avec bonheur cette vérité sur les toits, car nous ne
sommes pas du nombre de ces pauvres esprits qui supposent que
Dieu ne s'occupe pas des choses de ce monde, ou qui croient que les
miracles soient difficiles à Celui qui est la bonté même, et à qui
toute puissance appartient sur la terre comme dans le ciel (1). »

» Mais, nous l'avons dit, nous attendrons que le moment de parler plus ouvertement soit venu. En attendant, cependant, nous ne
voyons aucun inconvénient à faire savoir dès aujourd'hui que la manifestation précitée de Pontmain et la confiance qu'on y accorde gé-
néralement n'ont donné lieu à aucun désordre d'aucun genre, qu'elles
n'ont fait, au contraire, que donner un plus vif élan à la piété des
populations, et que le désir manifesté par beaucoup de personnes de
voir s'élever un édifice sacré sur le point au-dessus duquel la céleste
apparition se serait produite peut être exécuté, à condition toutefois
que le sanctuaire construit ne recevra aucun titre non autorisé de
nous. Ce ne sera par conséquent qu'un modeste autel ou un temple
de plus érigé à la gloire de Dieu en l'honneur de la miséricordieuse
Mère de Dieu et des hommes dont les innombrables bienfaits couvrent la terre.

» Voilà ce que j'avais présentement à faire connaître.

(1) Nous avons sous la main un petit livre intitulé : *Les Impressions d'un pèlerin
ou l'école de Marie à Pontmain, par le R. P. Vandel, missionnaire du Sacré-Cœur ;*
nous nous servons de cette relation pour obéir à Mgr de Laval, qui défend de faire
d'autres récits de cette apparition par son mandement, que nous allons reproduire.

» Recevez, messieurs et chers coopérateurs, fidèles serviteurs de Dieu et de Marie, mes sentiments les plus vifs de dévouement tou affectueux en Notre-Seigneur et en sa sainte Mère.

» † CASIMIR (ALEXIS-JOSEPH), *évêque de Laval.*»

Plus tard, Mgr de Laval a produit un mandement sur l'apparition, et nous copions textuellement ce que le R. P. Vandel a publié dans son remarquable opuscule :

« Vu les procès-verbaux des deux commissions successivement chargées d'informer le fait de l'apparition de la sainte Vierge à Pontmain et ceux des compléments d'enquête faits le 19 janvier et le 20 et 21 du même mois ;

» Vu le témoignage écrit des docteurs médecins appelés à émettre leur jugement sur les circonstances qui sont du domaine de la science médicale et physiologique ;

» Vu le rapport et l'avis de la commission de théologie chargée d'étudier le fait précité au point de vue de la théologie, de la certitude philosophique et des formes juridiques ;

» Considérant que l'apparition ne peut être attribuée ni à la fraude ou à l'imposture, ni à un état maladif de l'organe de la vue chez les enfants, ni à une illusion d'optique, ni à une hallucination ;

» Considérant que le fait excède les forces de l'homme et celles de toute la nature corporelle et visible ; que dès lors il appartient à l'ordre des faits surnaturels ou du moins prœternaturels ;

» Considérant qu'il ne peut pas davantage s'expliquer par l'action des puissances diaboliques ;

» Considérant d'ailleurs qu'il porte, soit en lui-même, soit dans l'ensemble des circonstances qui l'ont accompagné et suivi, le caractère d'un fait surnaturel et divin,

» Avons déclaré et déclarons ce qui suit :

» Art. 1er. Nous jugeons que l'Immaculée Vierge Marie, Mère de Dieu, a véritablement apparu, le 17 janvier 1871, à Eugène Barbedette, Joseph Barbedette, François Richer et Jean-Marie Lebossé, dans le hameau de Pontmain.

» Nous soumettons, en toute humilité et obéissance, ce jugement au jugement suprême du Saint-Siége apostolique, centre de l'unité, et organe infaillible de la vérité dans toute l'Eglise.

» Art. 2. Nous autorisons dans notre diocèse le culte de la bienheureuse Vierge Marie, sous le titre de Notre-Dame-d'Espérance de Pontmain.

» Art. 3. Nous nous réservons expressément l'approbation de toute formule de prière, de tout cantique, de tout livre de piété ayant rapport à l'apparition, et nous défendons de publier aucun récit de ce genre sans notre approbation préalable donnée par écrit.

» Art. 4. Répondant aux vœux qui nous ont été exprimés de toutes parts, nous avons formé le dessein d'élever un sanctuaire en l'honneur de Marie sur le terrain même au-dessus duquel elle a daigné apparaître.

» Les fidèles de notre religieux diocèse voudront, nous n'en doutons pas, contribuer, dans la plus large proportion possible, à l'édification de ce monument destiné à perpétuer à la fois le souvenir de la protection spéciale dont l'auguste Mère de Dieu a couvert notre contrée, et celui de la reconnaissance sans terme ni mesure que nos cœurs lui ont vouée.

» Et sera notre présent mandement lu et publié dans toutes les églises et les chapelles du diocèse, le dimanche qui en suivra immédiatement la réception.

» Donné à Laval, en notre palais épiscopal, sous notre seing, le sceau de nos armes et le contre-seing du secrétaire général de notre évêché, le 2 février, fête de la Purification de l'immaculée Vierge et Mère Marie, 1872. »

Suivons maintenant avec respect et soumission pour l'autorité diocésaine le récit qui nous est donné par le R. P. Vandel, et nous y chercherons par le lieu, le temps et les difficiles circonstances de l'apparition, les rapprochements avec les deux autres apparitions de la Salette et de Lourdes, et le but unique que la sainte Vierge s'est proposé en se montrant à des enfants.

Sous les rigueurs d'un hiver plein de neige, au commencement de la nuit, et sous le coup de la terreur que produisaient chez les malheureux habitants le bruit du canon et les épouvantables récits de la bataille du Mans, Pontmain, sur la frontière des diocèses de Laval et de Rennes, ne présentait ni l'aspect de ses riants coteaux couronnés par les ruines de son vieux château gallo-romain, ni le cours ordinairement fortuné de sa petite rivière au milieu des prairies, ni les doux ombrages de ses grands arbres. Mais, en revanche, les heureux spectateurs du miracle ne s'apercevaient ni des frimas de la saison à la porte d'une pauvre grange, ni des ennuis d'une veillée sans lumière et sans feu, ni des préoccupations d'une guerre à outrance. La Vierge apparaissait les mains pleines d'espérance, et cela suffisait pour réchauffer les cœurs, dissiper les ennuis, calmer toutes les frayeurs.

C'était un mardi 17 janvier, fête de saint Antoine, qui nous rappelle notre saint patron, et veille, comme à Lourdes, de la Chaire de Saint-Pierre à Rome ; « les prêtres en avaient déjà récité les vêpres et les matines que la Vierge immaculée venait inviter les enfants de la France à unir leurs prières aux siennes et à celles de Pie IX en ce jour où l'univers catholique honore et professe la souveraineté de son pontificat à Rome (p. 71). »

» (P. 23) Cette apparition avait lieu à soixante et quelques pas de l'église de Pontmain, au milieu du bourg, devant la grange du sieur Barbedette, au-dessus de la maison du sieur Guidecoq (36) et d'un champ appartenant à M. Morin, mais qu'il déclare depuis appartenir à la sainte Vierge pour y construire un temple dont il fournira et le bois et la pierre (104). Les enfants de la famille Barbedette récitaient le chapelet pour que leur frère aîné, soldat mobile, ne reçût pas un *mauvais coup*, et aussi pour demander la fin de la guerre. Ils étaient occupés à broyer des ajoncs pour la nourriture de leurs bestiaux, lorsqu'Eugène Barbedette, s'approchant de la porte ouverte, éleva les yeux en l'air pour regarder le temps. L'air était très pur et les étoiles brillaient au ciel.

» Tout-à-coup l'enfant est frappé par une merveilleuse vision au moment où il regarde au-dessus de la maison qui est en face de lui

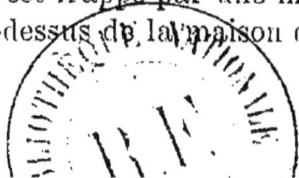

au-delà du chemin et d'une petite place. Une dame d'une grande taille paraissait devant lui, en l'air, à cinq ou six mètres au-dessus de la maison du sieur Guidecoq; elle regardait l'enfant et semblait lui sourire. La robe de la dame était bleue, parsemée d'étoiles brillantes couleur d'or. La figure était d'une blancheur et d'une beauté incomparables. Elle portait sur la tête une couronne qui était entourée d'un filet rouge, et qui s'élargissait par le bout. » (Excepté le filet rouge, c'était la même couronne que celle de Notre-Dame de Samois.)

» Un voile noir retombait par derrière la tête, et descendait jusqu'au milieu du corps. Les bras étaient abaissés et les mains ouvertes (25), les manches de la robe étaient larges et pendantes. La dame avait des chaussures bleues, sur lesquelles on voyait des boucles d'or. Joseph Barbedette regardait aussi, et frappait des mains en disant à sa mère (26) : « Oh ! que c'est beau ! maman, que c'est beau ! » Le père et la mère ne voyaient rien, mais les deux enfants leur disaient : « La Dame est grande comme la sœur Vitaline. » C'est le nom de la plus grande des trois sœurs qui font la classe à Pontmain; sœur Vitaline fut donc appelée. Arrivée devant la grange, elle regarda et ne vit rien : « Ma sœur, lui dit Eugène, » ne voyez-vous pas ces trois étoiles dans le ciel ? » Et il montrait trois étoiles rapprochées les unes des autres sur un point du ciel au-dessus de la maison : « Je vois bien ces trois étoiles, dit la sœur, » mais je ne vois pas la Dame. — Eh bien ! reprit l'enfant, la tête » de la Dame est au milieu (1).»

» (27) La sœur retourna chez elle accompagnée de la mère des enfants Eugène et Joseph, Victoire Barbedette. En entrant dans la cuisine, sœur Vitaline vit auprès du feu les trois petites pension-

---

(1) Les trois étoiles α, γ, δ, de la grande Ourse, ne se trouvèrent pas le lendemain à la même heure au-dessus de la maison du sieur Guidecoq, puisque tous les jours les étoiles changent de place par rapport à l'heure du soleil. Mais il est surprenant, et c'est une circonstance à nous toute favorable, que la sainte Vierge apparaisse à Pontmain dans la grande Ourse, cette constellation circompolaire, dont nous avons suivi les différentes apparences pour confondre tous les calculs des parallaxes. (*Système du monde d'après Moïse*, p. 142, 1860.)

naires qui demeurent chez les sœurs : Jeanne-Marie Lebossé, âgée
de neuf ans, Françoise Richer, âgée de onze ans, et une troisième.
« Mes petites, leur dit la sœur, allez avec Victoire ; elle veut vous
» faire voir quelque chose. »

» Arrivées à la porte de la grange, Jeanne, Marie et Françoise
dirent immédiatement : « Oh ! la belle Dame ! elle a une robe
» bleue... des étoiles d'or sur la robe... une couronne... un voile
» noir... les bras étendus... des souliers bleus... des boucles d'or... »
C'est-à-dire exactement comme les deux frères.

» La sœur Marie-Edouard court avertir une famille qui demeure
près de là, puis elle entre au presbytère, et prie M. le curé de se
rendre devant la maison de Barbedette, où la sainte Vierge apparaît, dit-elle, et M. le curé s'y rend en même temps que la dame
Fréteau, qui tenait dans ses bras son petit fils Eugène, âgé de six ans
et demi. (28) Cet enfant vit la Dame, et donna, à sa mère la même
description que les deux petits Barbedette et les deux petites pen-
sionnaires des sœurs. Ce petit privilégié de Marie est parti pour le
ciel au mois de mai suivant, après qu'on lui eut fait faire sa première communion »

» L'apparition durait depuis plus d'une heure. Le bruit s'en répandait dans le bourg et tout le monde accourait. La femme d'un
sabotier nommé Boitin, qui demeure dans la maison au-dessus de
laquelle on voit la belle Dame ,apporta dans ses bras la petite Au-
gustine âgée de deux ans et un mois. Cette enfant regardait en l'air
avec animation, levait ses petites mains, semblait montrer quelque
chose en s'écriant : « Jésus ! Jésus ! » C'est toute la petite prière que
sa mère lui avait apprise. Voilà donc six témoins du miracle. »

L'auteur divise ensuite en six actes séparés les diverses circonstances de l'apparition en rapport avec les prières et les cantiques
qui étaient dits ou chantés par les assistants ; et nous nous confor-
merons à ce récit pour ne point contrevenir à la défense portée par
l'autorité diocésaine d'en faire de nouveaux.

Iᵉʳ Acte : Les cinq *Pater* et les cinq *Ave*.

C'est le premier moment de l'apparition dont nous avons parlé (1), (31) « Explication : Marie se montre comme une reine : elle a une couronne. Elle se déclare souveraine sur la terre de France. Elle apparaît (comme à Lourdes) dans la pose de la Vierge immaculée : les bras sont étendus et les mains ouvertes. Elle prend part aux malheurs de la France et à la désolation des familles : un voile noir descend de la tête jusqu'au milieu du corps. Elle vient pour consoler : elle sourit fréquemment en regardant les enfants (102). Mais elle ne souriait plus et sa figure devenait douloureusement sérieuse, pour faire comprendre l'inconvenance des rires et des plaisanteries de quelques personnes présentes. « Voilà qu'elle tombe encore dans la tristesse, » disaient les enfants.

Nous n'ajoutons rien à cette explication, si ce n'est cette note de l'*Univers* du 11 octobre 1871 : « Toutes les personnes présentes aperçurent très-bien les trois étoiles. Si nos calculs sont exacts, la Dame devait être le 17 janvier, fête de saint Antoine, à six heures du soir dans la constellation qu'on appelle la Grande-Ourse, au-dessus de la maison du sieur Guidecoq. Cependant les trois étoiles α, γ, δ de cette constellation ne forment pas le triangle qu'on nous a dépeint. » Malgré cette observation, supposé que l'une des quatre étoi-

---

(1) La sainte Vierge est vue revêtue d'une robe bleue et de chaussures b'eues. C'est l'Immaculée Conception du scapulaire bleu. Car « la vénérable servante de Dieu sœur Ursule Béninsaca, fondatrice de l'ordre des religieuses Théatines à Naples en 1616, mérita de voir le 2 février, fête de la Purification, la sainte Vierge vêtue en blanc, *ayant par-dessus un habit bleu*, tenant dans ses bras l'enfant Jésus qui l'embrassait, et accompagnée d'un chœur de vierges habillées de même couleur. La divine Marie parla ainsi à la servante de Dieu : « Cesse enfin de gémir ; » change en joie pure tes soupirs, et écoute attentivement ce que Jésus, que je tiens » sur mon sein, et qui est à toi, va dire. » Le divin Fils ajoute aussitôt : « Je veux « qu'il soit fondé un ordre de vierges sous ce titre de l'Immaculée Conception, qui » soient revêtues d'un habit d'une forme et d'une couleur semblables à celui de » ma Mère. » (Voir la notice sur le scapulaire bleu.)

les formant le chariot de David ait été cachée par la Dame, elle se trouverait réellement dans un triangle comme sur un trépied. On a vu l'importance que nous avons attachée à cette position de la Vierge, quand bien même, ce qui est tout naturel, la Grande-Ourse n'aurait point été le lendemain et les jours suivants à la même place.

IIᵉ ACTE : LE CHAPELET DES MARTYRS JAPONAIS (5 FÉVRIER 1597).

« Ces martyrs ont été canonisés par le Pape Pie IX en 1862. »

» A la suite de cette prière, récitée par la sœur Vitaline, au moment où arriva M. le curé, un grand cercle bleu entoura la belle Dame. Ce cercle était ovale ; il s'élevait au-dessus de la tête et descendait au-dessous des pieds. Les bras étaient à l'aise dans l'intérieur du cercle et ne le touchaient pas. Quatre bougies, non allumées, semblaient attachées à l'intérieur du cercle, deux à la hauteur des épaules et deux à la hauteur des genoux (1).

« En même temps que paraissait ce cercle merveilleux, les enfants voyaient une petite croix rouge *se faire* sur la poitrine à gauche, près du cœur. » (2)

---

(1) Le cercle ovale, présenté comme une auréole de gloire à Marie, doit avoir une signification en rapport avec les visions de sainte Hildegarde, qui donne à la terre une forme ovale du côté des pôles. Ceci est contraire aux énonciations de la science moderne, qui, malgré les observations sur les dimensions plus grandes des arcs de cercle dans la Laponie Suédoise, c'est-à-dire vers les pôles au méridien, qu'elles ne le sont au Pérou sur la ligne équatoriale, n'en prétendent pas moins que la terre, applatie aux pôles et renflée à l'équateur, est une ellipsoïde de révolution. Ce qui revient à dire que l'ellipse est plus grande que le cercle qui la circonscrit ! *Credo quia absurdum !* Or la forme ovale légèrement prononcée vers le nord et le sud, puisque la Vierge étendant les bras et placée sur le chariot de David comme sur un trépied, indique, selon sainte Hildegarde et aussi d'après notre *Système du monde d'après Moïse*, que c'est vers les solstices, où le soleil semble s'arrêter dans cette forme ovale, que l'ellipse est plus allongée.

(2) La croix rouge sur le cœur de Marie est le signe des crucigères ou porte-croix prédits par saint François de Paule.

L'auteur explique les circonstances du cercle ovale et de la croix rouge, de l'emprisonnement et des souffrances du glorieux Pie IX sous les auspices des deux enfants et des autres saints martyrisés au Japon (Image de l'apparition de Pontmain publiée par Lesort, rue de Grenelle-Saint-Germain, Paris.)

3ᵉ ACTE : LE CHAPELET.

(33) « M. le curé crut que la meilleure manière de parler à Marie était de s'adresser à elle par la prière ; il invita donc tout le monde à prier. La sœur Marie Édouard récita le chapelet : les personnes présentes y répondaient. »

(34) « Alors la belle dame parut *grande comme deux fois la sœur Vitaline*. Le cercle ovale prit une grande dimension. La sainte Vierge semblait faire des mouvements d'ascension vers le ciel. Les étoiles dorées, qui brillaient sur sa robe, se multipliaient au point que toute sa robe en était couverte. *Les étoiles du temps,* c'est-à-dire celles qui brillaient au ciel, semblaient faire cortége, et se ranger gracieusement autour du cercle bleu. » (1)

---

(1) Voilà le prodige, que, la main sur les psaumes, nous avons annoncé pour la rénovation physique et la régénération morale de l'univers, et qui se produit ici. La sainte Vierge paraît deux foix plus grande qu'elle ne l'était au moment de sa première apparition, pour signifier que le monde actuel prend les dimensions des arbres et des fougères antédiluviens que l'on retrouve en fouillant le sol des deux Amériques. La sœur Nativité, exprimant la joie que ressentiront les mortels à la vue de ces miracles de la divine miséricorde, s'écrie : « Vraiment, c'est une nouvelle vie, c'est le paradis terrestre. » Mais la sainte Vierge élève plus haut les regards en faisant effort pour produire des mouvements d'ascension vers le ciel. Et ce changement de la nature en mieux est bien marqué par ce mouvement, non pas des étoiles qui couvrent sa robe céleste dans la vision, mais des *étoiles du temps* qui brillent dans le ciel et qui se rangent à ses ordres autour du cercle bleu, c'est-à-dire sur l'ellipse qui représente l'écliptique, afin de le redresser sur l'équateur pour la marche équatoriale du soleil et de la lune, alors toujours en opposition. La relation dans le journal l'*Univers* est que les enfants virent les *étoiles du temps* au nombre de quarante. C'est le nombre des planètes découvertes qui étaient reconnues avant 1848. Et ce sont ces astres qui rentrent dans le soleil, pour, avec

« Explication : C'est par la prière du Rosaire que les armées des Musulmans ont été repoussées, et que l'Europe a été préservée en 1571, le 7 octobre, jour de la victoire de Lépante. De même à Lourdes Bernadette voyait la sainte Vierge faire glisser, sans remuer les lèvres, les grains d'un chapelet entre ses doigts. (Et deux cents ans après la victoire de Lépante) les armées ennemies étaient sur la frontière des provinces de la France. » (Et nous venons de voir par le témoignage de Monseigneur de Laval comment peu de jours après l'Apparition à Pontmain les Prussiens ont battu en retraite, et tout danger a été écarté pour la ville de Laval.)

4ᵉ Acte : Le *Magnificat*.

(35) « Dès le commencement du *Magnificat* entonné par la sœur Marie-Edouard, les enfants virent une bande, d'une blancheur éclatante, se dérouler sous les pieds de la belle Dame. Cette bande (36) avait environ douze mètres de longueur sur plus d'un mètre de largeur. » (1)

« Pendant le chant du *Magnificat*, les enfants voyaient de grandes lettres, de la hauteur d'un pied, se former lentement, les unes après les autres, sur le fond blanc. Les premières, composant le mot

---

les cinq planètes antérieures à Herschell, reconstituer sa force primitive dans une orbite plus élevée qui fera fondre les glaces aux pôles : *il enverra son verbe, et fera fondre les glaces pour donner aux eaux leur fluidité.* (Ps. 147.)

(1) En prenant les dimensions de cette bande blanche au-dessous du grand cercle ovale, on retrouve le mètre proportionnel de la bande de l'écliptique de la sphère armillaire, et par les douze mètres, les douze stations du soleil dans les signes du zodiaque sur l'équateur, ainsi que le signalent pour le monde antédiluvien les zodiaques de Dendérah et d'Esnée, quoique leur travail, d'après les découvertes de M. Champollion, en soit de date récente ; et la bande de plus d'un mètre de largeur indique ce cercle équatorial dans lequel la lune, inclinée de cinq degrés sur le soleil, reprendra désormais, elle-même toujours pleine, son cours antédiluvien. C'est pourquoi ce cercle ovale, qui d'abord moins grand représenté le monde actuel, apparaissant ensuite plus grand, signifie, comme la bande équatoriale, un monde nouveau.

Mais à l'extrémité de la bande, resta un moment seul pendant que l'on chantait le *Magnificat* (37). Sur la fin du cantique, d'autres lettres arrivèrent ; en se plaçant à la suite les unes des autres, elles formaient les mots suivants : *Priez, mes enfants.* »

« Explication : Avant les malheurs, Marie pouvait révéler des menaces et annoncer des châtiments, comme elle l'a fait à la Salette. Mais, quand les malheurs sont arrivés, si elle se montre, ce ne peut être que pour compâtir, consoler (38) et engager à prier : voyez ces lettres d'or se former lentement sur ce fond d'une céleste blancheur ; c'est une image du recueillement qu'il faut apporter à la prière et de la pureté du cœur qui doit l'accompagner. »

5ᵉ Acte : Les Litanies de la sainte Vierge.

(39) « Aux premières invocations des litanies de la sainte Vierge, que M. le curé fait chanter : « Dieu le Père, Dieu le Fils Rédempteur du monde, Dieu le Saint-Esprit, sainte Marie, » les enfants virent se former peu à peu, lettre par lettre, le mot DIEU, puis successivement, dans le cours des litanies, les mots suivants : vous EXAUCERA EN PEU DE TEMPS. Après ce dernier mot venait un point brillant de la grandeur des lettres, c'est-à-dire d'environ 25 centimètres. » (1)

---

(1) Le point brillant représente le soleil. Après le mot *Saint-Esprit*, dans les litanies de la sainte Vierge, vient immédiatement l'invocation de Marie, comme pour signifier l'incarnation du Verbe par l'opération du Saint-Esprit. L'*Esprit se portait sur les eaux au commencement :* l'être qui, selon la liturgie de l'Eglise, assistait virtuellement à la création, serait Marie : *Je suis sortie la première avant la créature de la parole du Tout-Puissant, j'ai été créée dès le commencement et avant tous les siècles.* (Eccl., 24. 5, 14.)—*Système* p. 150 ; épître de l'immaculée conception). Et plus tard c'est encore l'*esprit du Seigneur qui survient en Marie et qui la couvre de son ombre, et* LE VERBE S'EST FAIT CHAIR, *et il a habité parmi nous ;* de même en cette vision et par la puissante Vierge immaculée, le soleil se renouvelle dans la nature après ces paroles : DIEU VOUS EXAUCERA EN PEU DE TEMPS, et représente le soleil après ces mots pour montrer le prodige, qui *subitement* doit ramener tous les peuples, sans distinction de juifs ou de musulmans, de protestants ou de philo-

« Explication : Les litanies se composent d'une suite d'invocations qui expriment bien les désirs dont les cœurs étaient remplis :

« Vierge puissante... Cause de notre joie... Tour de David... » Salut des infirmes... Refuge des pécheurs... Secours des chré- » tiens, priez pour nous ! » La réponse à ces demandes ne se fit pas attendre : le chant des litanies n'était pas terminé que l'assurance était donnée d'un prochain secours : « DIEU VOUS EXAUCERA EN PEU DE TEMPS. » En annonçant cette bonne nouvelle, elle souriait aux enfants. »

6e ACTE : INVIOLATA et SALVE, REGINA.

« Après les litanies de la sainte Vierge on chanta l'*Inviolata*, qui fut immédiatement suivi du *Salve, Regina*. »

« Au moment où l'on chantait ces mots de l'*Inviolata* : *O Mater Alma, Christi charissima ;* O Mère auguste et très-chère du Christ, les enfants lisaient les premiers mots d'une seconde ligne placée sous la première : MON FILS... puis arrivèrent lentement, pendant qu'on chantait le *Salve, Regina,* ces autres paroles : SE LAISSE TOUCHER. »

« Explication : On avait la certitude que la belle Dame était bien la très sainte Vierge : Elle le disait, au moment où les fidèles la saluaient Mère du Christ. Et quand ensuite on l'invite, dans le *Salve, Regina,* à tourner vers nous, pauvres exilés, les yeux misé- ricordieux de ce Jésus qui est son fils, elle dit : MON FILS SE LAISSE TOUCHER ! C'est l'explication qui est donnée à sainte Gertrude : Le jour de la Nativité de Marie, Gertrude récitait le *Salve, Regina*. A ces mots : *Illos tuos misericordes oculos ad nos converte,* elle vit la sainte Vierge tenant dans ses bras le divin Enfant, et le tour- nant vers Gertrude, la sainte Vierge lui dit : « Voici mes yeux misé-

---

sophes, de civilisés ou de sauvages, à la connaissance du *Christ, devant qui tout genou doit fléchir au ciel, sur la terre et dans les enfers.* (Philipp. 2, 10.) Et l'*Esprit saint par Marie se portera encore sur les eaux,* c'est-à-dire sur tous les peuples.

» ricordieux, ce sont ceux de m⊃n fils. Je puis les diriger vers tous
» ceux qui m'invoquent »

(41) « Un grand trait doré était tiré sous l'inscription : MAIS
PRIEZ, MES ENFANTS, DIEU VOUS EXAUCERA EN PEU DE TEMPS. MON
FILS SE LAISSE TOUCHER. » (1)

7e ACTE : LE CANTIQUE DE NOTRE-DAME-D'ESPÉRANCE.

(42) « Pendant ce chant la sainte Vierge éleva les bras, qui jus-
que-là avaient été abaissés, et agitant doucement les mains et les
doigts penchés en arrière (95), sa figure, son sourire semblaient
s'unir aux sentiments exprimés dans le cantique. »

« Or le cantique d'Espérance a un caractère tout national pour
le salut de la France ; la France a été consacrée à Marie par le roi
Louis XIII. La terre de France lui est particulièrement chère : « Le
point du globe sur lequel les grâces tombent plus abondantes, est
la France. » (Apparition de Marie à Paris en 1832). Cette nation
française, Marie l'appelle son peuple : « Mes enfants, vous les ferez
passer à mon peuple, » (paroles de Marie aux enfants de la Salette)
(109.) C'est sous ce titre : Notre-Dame-d'Espérance, que sœur
Léonie de la paroisse de Loroux au diocèse de Rennes, suivant le
pèlerinage de Pontmain, a recouvré la voix en chantant le *Monstra
te esse matrem* de l'*Ave, maris stella.* (128) Mère de l'Espérance,
faites-nous la grâce de porter bien haut, de porter avec bonheur le
joug de la croix. »

---

(1) En dessous de toutes ces paroles un grand trait se forme pour montrer aussi
que les prodiges sont faits par le rétablissement de toutes choses au ciel et sur la
terre comme avant le déluge par un effet de la Miséricorde. Avant la fin du monde,
il sera ainsi démontré que le Seigneur avait tout créé dans un ordre parfait, selon
les paroles de la Genèse. Mais le péché, ayant détruit en l'homme, qui était le chef
et le prêtre de la nature, l'harmonie de la création, les perturbations causées par
le déluge, par les miracles de Josué et d'Ezéchias, et de nos jours par l'affaiblissement de la lumière du soleil, s'en sont suivies. Or il convient que le rétablissement de cet ordre primordial prouve évidemment avant la fin que tout a été fait
pour l'homme et pour son salut.

CANTIQUE DE L'ESPÉRANCE.

Réfrain.

Mère de l'Espérance,
Dont le nom est si doux,
Protégez notre France,
Priez, priez pour nous,

PREMIER COUPLET.

Souvenez-vous, Marie,
Qu'un de nos souverains,
Remit notre patrie
En vos augustes mains

DEUXIÈME COUPLET.

La crainte et la tristesse
Ont gagné tous les cœurs ;
Rendez-nous l'allégresse,
La paix et le bonheur.

TROISIÈME COUPLET.

Vous calmez les orages,
Vous commandez aux flots,
Vous guidez aux rivages
Les pauvres matelots.

QUATRIÈME COUPLET.

De la rive éternelle,
Secondez nos efforts,
Guidez notre nacelle
Vers les célestes ports.

CINQUIÈME COUPLET.

En ce jour de souffrance
Sauvez-nous du danger,
Epargnez à la France
Le joug de l'étranger.

SIXIÈME COUPLET.

Des mères en alarmes
Raffermissez les cœurs,
Venez sécher les larmes,
O Mère de douleurs !

SEPTIÈME COUPLET.

Au chemin de la gloire
Conduisez nos soldats ;
Donnez-leur la victoire
Au jour des saints combats.

HUITIÈME COUPLET.

Et si pour la patrie,
Bravant les coups du sort,
Ils vont donner leur vie,
Ah ! couronnez leur mort.

Refrain.

Mère de l'Espérance,
Dont le nom est si doux,
Protégez notre France,
Priez, priez pour nous.

8e Acte : Le Parce, Domine.

(43) « Après chacun des trois couplets du cantique qui correspond à cette invocation :

« Mon doux Jésus,
Enfin voici le temps
De pardonner à nos cœurs pénitents, »

les deux lignes écrites en lettres d'or disparurent avec la bande blanche, sur laquelle on les lisait, et les enfants virent la figure de Marie prendre un air de profond recueillement et de tristesse. (44) Les bras élevés pendant le cantique d'Espérance s'abaissèrent, et les deux mains se fermèrent devant elle, la *gauche* dessus, la droite dessous. (1) Une croix rouge se mit dans les deux mains à demi fermées : cette croix allait de la ceinture à la hauteur du visage. Un Christ encore plus rouge vint se placer sur la croix. Un écriteau blanc, de la largeur de la main, allant d'une épaule à l'autre, était fixé sur le haut de la croix. Sur cet écriteau les enfants lisaient en lettres rouges : *Jésus-Christ.* » (2)

« Pendant cette exposition de croix, faite par la sainte Vierge, une étoile semblait partir de dessous ses pieds; elle monte à *gauche*,

---

(1) C'est sur la main *gauche* stygmatisée de Marie Latau et à *gauche* de la croix de saint Jean-Baptiste tracée aussi en dessus sur le milieu de cette main *gauche*, que se forme le signe septénaire incliné figuré par une barre principale, sur laquelle viennent s'appuyer, quatre à *gauche*, trois à droite, sept autres petites barres de différentes grandeurs, pour représenter sur un plan incliné de 23° et la constellation circompolaire de la grande Ourse et les sept dons du Saint-Esprit. Il y a aussi sur la main *gauche* stygmatisée sept autres signes ou sept lettres, quatre d'un côté, trois de l'autre côté de la croix de saint Jean-Baptiste, dont l'interprétation n'est pas donnée.

(2) On verra plus loin à l'apparition de Samois que les quatre lettres de l'inscription INRY sont enlevées successivement par quatre colombes, comme ici disparaît e titre JÉSUS-CHRIST. Serait-ce le vicaire de JÉSUS-CHRIST, le *Crux de Cruce* de Saint-Malachie (*Echo de Rome*, p. 40), dont le nom serait aussi enlevé par des colombes, le même qu'à son avènement des colombes ont paru au-dessus de sa voiture ?

le long du cercle bleu. En passant, elle touche et allume la boug
qui est à la hauteur du genou gauche. Cette étoile continue à mont
et allume la bougie qui est à la hauteur de l'épaule. Puis, cont
nuant à suivre le cercle par-dessus la tête, l'étoile descend près
l'épaule droite, et allume successivement les deux bougies qui so
l'une près de l'épaule et l'autre près du genou, à droite. Enfin l'
toile remonte en suivant le cercle bleu, et elle va se placer à
pied au-dessus de la couronne. » (1)

---

(1) Son successeur appelé par les prophéties l'*Etoile*, le Pontife saint, allume
par son approbation et sa sanction les bougies, à quatre endroits du cercle bleu,
cause du grand miracle de la rénovation de la nature. Pie IX verra sans doute
commencement de ce prodige, ainsi qu'il l'espère pour le triomphe de l'Eglise. Cet
espérance paraît se réaliser ici, puisque les bougies sont allumées par l'étoile ava
que la croix rouge et le Christ qui représentent Pie IX aient disparu. Il ne faudra ri
moins que le prodige du rétablissement du ciel et de la terre, d'après les annonces
Sainte Hildegarde, pour voir la lumière qui se projette des mains de Marie dans
médaille de l'Immaculée conception. Il y a encore ici, comme à la Salette, à Lourde
(hic 9,) comme à Samois, (*Echo de Rome*, p. 40). les trois parties du corps de
sainte Vierge : la tête, les épaules, les genoux, pour marquer les effets merveille
de la communication de ses pensées.

Or, voici comment va se produire le CATACLYSME pour la jonction en un seul
tous les continents dilacérés par le déluge. Nous avons reproduit, en juin 1863
dans les mêmes termes (Planisphère de M. Babinet), les opinions de MM. Ampè.
et Victor de Bonald sur la scission des continents par le déluge. M. Ampère ava
émis ce soupçon : « Peut-être est-ce au déluge qu'est dû le soulèvement de l'H
malaya et des Andes. » Et M. Victor de Bonald l'affirme sans hésitation : « Au
monts Altaï, au centre de l'Asie, s'est joint un autre continent jusqu'à l'Himalay
un autre continent jusqu'à la mer ; et les montagnes de l'Himalaya sont les plu
hautes du globe, parce que les deux premiers continents étant à peine réuni
les terrains du troisième, en se joignant aux deux premiers, ont dû recevoir u
plus violent contre-coup. » Toute l'explication de la stratation des terrains pr
maires, secondaires, tertiaires de la géologie est là. Or, de notre côté, nou
avions dit, sans connaître les opinions de ces auteurs éminents : « Tout était so
paré par le déluge... Les continents se sont adjoints les uns aux autres, et le
grands versants nord et sud se sont formés. Aux monts Altaï, au centre de l'Asie
s'est joint un autre continent jusqu'aux Montagnes-Bleues, un autre continent ju
qu'à l'Himalaya, un autre continent depuis l'Himalaya jusqu'à la mer. » Et les con
tinents étant rapprochés pièce à pièce, comme nous l'avons indiqué dans nos ré
flexions sur le planisphère de M. Babinet, l'ancien et unique continent avant
déluge serait rétabli au centre du globe, de manière que les continents actuels
en plus grande quantité vers le nord, n'inclineront plus, comme ils les attirent au
jourd'hui sur l'écliptique, les deux orbites du soleil et de la lune. Pour preuves
entre plusieurs autres, nous allons paraphraser le psaume 64.

« Explication : Le dernier vers du cantique finit par ces mots :

(45) « Lavez-nous de nos crimes
Par votre sang. »

« L'apparition de Pontmain appelle le Calvaire. La couleur rouge paraît souvent : le liséré qui entoure la couronne , — la croix formée sur le cœur pendant le chapelet des martyrs Japonais , — la

---

PARAPHRASE DU PSAUME 64e.

L'hymne a cessé (*) dans Sion, Seigneur, mais on va vous rendre encore des vœux à Jérusalem. *Il y a des siècles que la terre sainte est habitée par les infidèles, mais voici le moment de la conversion et du retour des Juifs.* Exaucez ma prière avant la résurrection des morts. Les paroles d'iniquité ont prévalu contre nous (**), mais vous nous pardonnerez nos prévarications *qui nous ont attiré ces disgrâces.* Bienheureux, *le Pontife saint* que vous avez choisi, que vous avez élevé à l'honneur d'habiter vos parvis ; nous serons *alors* remplis des bénédictions de votre maison, *de votre saint temple.* C'est sous les coups terribles de votre justice (***) que vous nous exaucerez, ô Dieu notre Sauveur et l'espérance du monde jusqu'à l'extrémité des mers. Car vous vous êtes revêtu de votre puissance POUR PRÉPARER LES MONTAGNES *et les joindre* DANS VOTRE FORCE *aux autres continents dilacérés autrefois par le déluge.* Et c'est ainsi que vous troublez les mers dans ses profondeurs, et *qu'ensuite* vous apaisez le courroux de ses flots, *qui font sécher les hommes de frayeur.* Les nations seront dans le trouble , aussi les habitants des mers, *lorsqu'ils verront* les signes *de la fin des temps* que vous avez annoncée. Mais vous réjouirez les levers de l'aurore et du soir (****). *Alors* vous enrichirez la terre, vous la comblerez de vos biens. Le fleuve du Seigneur coule à pleins bords pour donner la nourriture à son peuple, arroser les sillons, multiplier le suc des plantes et les réjouir par de rafraîchissantes rosées. Vous couronnerez l'année de votre miséricorde (*****), et vos campagnes refleuriront dans la fertilité. Aussi verra-t-on les beautés du désert emprunter le charme des plus riantes vallées, les collines se revêtir d'allégresse, les champs s'orner de troupeaux et les plaines se dorer des plus riches moissons. Tout retentira de joyeux concerts.

(*) C'est le sens de l'hébreu.
(**) Pie IX exhale maintenant ses plaintes avec toute l'Eglise.
(***) Hébreu : *In terribilibus justitiæ.*
(****) *Exitus matutini et vesperæ delectabis.* Il n'est pas actuellement un astre qui dans son mouvement se lève journellement au même instant que le soleil se couche ; la lune seule, si le soleil reprenait son cours antédiluvien, pourrait, en perpétuelle opposition, se lever au coucher du soleil : *exitus vesperæ.* Et le lever du matin de l'astre du jour resplendirait de clartés nouvelles, si le soleil, dans une orbite plus élevée, illuminait la terre en perpétuelle équinoxe, et faisait *fondre les glaces* des pôles : *et fluent aquæ* (Ps. 147, 18, hic p. 23).
(*****) Alors on ne ferait plus la distinction des années solaires et des années lunaires. Et le signe de la puissance des Musulmans et des Indiens, le croissant, aurait disparu.

croix se place dans les mains de la sainte Vierge, — le Christ encore plus rouge attaché à la croix, — les lettres du Nom adorable qu'on lit dans le haut de la croix, Jésus-Christ, sont couleur de sang. Hélas ! le sang coulait dans toute la France, le sang des martyrs devaient bientôt ensenglanter les rues de Paris.... Et Dieu sait ce qu'on verra dans un avenir prochain. »

« La conversion par la pénitence, la conversion en considérant les souffrances et la mort de Jésus-Christ, voilà le sens de cette prodigieuse exposition (46) de croix, faite aux enfants, faite au peuple, par la très-sainte Mère de Dieu crucifié. En effet, elle était triste et elle semblait prier. Les enfants disaient : « Voilà qu'elle prie avec nous. »

« Le repentir du cœur, les larmes et les prières de la pénitence, en union avec Marie, obtiennent grâce et pardon. L'état de grâce n'est-il pas figuré par cette illumination céleste ? Et la brillante étoile qui la produit (47) n'est-elle pas le symbole de la grâce sanctifiante ? Jusqu'à cette scène du crucifix, on voyait les bougies éteintes dans le tableau de l'Apparition. Elles ne donnent leur lumière que sous l'acte de pénitence, en contemplant Jésus-Christ crucifié. Et cette étoile en quelque sorte vivante et intelligente, après avoir tout éclairé, vient se placer sur la tête pour y rester jusqu'à la fin. »

« Cette huitième scène est le point capital de la vision. Tout ce qui précède est une préparation, tout ce qui vient après est une suite et une récompense. »

9e Acte : *Ave, maris stella.*

Pendant le chant de l'*Ave, maris stella*, entonné par la sœur, la croix rouge et le Christ disparaissent. (50) Les bras sont de nouveau abaissés et les mains étendues. » (1)

---

(1) Après que la sainte Vierge a élevé les mains vers le ciel pour conjurer les orages du cataclysme, elle reprend, en abaissant les mains, la position de l'Immaculée-Conception, pour prouver qu'elle est la créature par excellence qui mérite d'être exaucée de son divin Fils.

« Deux petites croix blanches sans Christ, de la longueur de la main, se placent l'une sur l'épaule droite, l'autre sur l'épaule gauche. » (1)

« La joie reparaît sur la figure de Marie : elle sourit aux enfants. tout le monde éprouve un sentiment de bonheur. »

« Explication : C'est une image de la résurrection et du retour à la vie de la grâce pour une âme après sa conversion. Après sa résurrection, Jésus ressuscité garde ses plaies, mais elles sont lumineuses. »

10e ACTE : LA PRIÈRE DU SOIR.

« Il y avait bientôt trois heures que l'Apparition durait avec ses étonnantes manifestations. Jamais rien de semblable n'avait été vu. Le froid était rigoureux. Et cependant on ne trouvait pas le temps long. M. le curé dit : «Faisons la prière du soir. » Tout le monde se mit à genoux. »

« La prière n'était pas finie que les enfants annonçaient un nouveau changement. Ils voyaient comme une espèce de *linceul* (à Samois un tombeau), ou voile blanc se détacher des pieds et monter tout doucement jusqu'au milieu du corps. Après s'être arrêté là un instant, ce voile monta jusqu'au-dessous de la figure, qui se montrait toujours douce et souriante : cette figure était d'une blancheur incomparable. »

« Après un instant d'arrêt le voile continue à monter, il cache la bouche, les yeux, et il s'arrête encore. Les enfants ne voyaient qu'une forme blanche qu'enveloppait tout le corps. Au-dessus de cette vision blanche on voyait la couronne d'or et l'étoile brillante.

(1) Mais les mains restent toujours suppliantes, représentées qu'elles sont par ces petites croix blanches placées sur les épaules de Marie, comme des épaulettes, afin de montrer que l'Immaculée-Conception est *terrible comme une armée rangée en bataille* (Cant. 6, 3, 9). Croix rouges, croix blanches, couleurs rouge et blanche de Jésus et de Marie, comme celles de l'oriflamme avec laquelle et par laquelle sera remportée la victoire sur les ennemis de l'Église.

Enfin, la couronne et l'étoile sont englobées dans le voile, et tout disparaît, le cercle, les bougies allumées et la personne. (1) Il était près de neuf heures. »

« Explication : Nous avons vu comme un tableau de la conversion par la pénitence, dans l'exposition de la croix rouge dans les mains de Marie. Les croix blanches et lumineuses nous ont figuré l'état de l'âme sanctifiée par la grâce et la pratique des œuvres. »

« La dernière scène n'est-elle pas le tableau d'une sainte agonie et du départ pour le ciel ? Cette dernière manifestation a lieu pendant la prière du soir. Il y a le soir du jour et le soir de la vie. »

« Dans l'agonie, on peut dire que la mort s'avance par degré. Elle envahit d'abord les extrémités ; les pieds et les mains se glacent et perdent tout mouvement ; puis les battements du cœur finissent par cesser. Cependant un dernier mouvement des yeux et des lèvres fait voir que l'âme est encore présente. Enfin le dernier souffle est rendu, et la foi voit briller la couronne et la gloire sur cette figure chrétienne. »

« Ainsi s'est terminée l'apparition de Pontmain. »

---

(1) Si à Pontmain il y a un linceul ou un voile blanc, à Samois on voit un tombeau. Cette image lugubre est ici plus circonstanciée. La maladie qui doit dévorer la victime, on ne sait laquelle, semble gagner des pieds à la tête. Elle s'arrête un instant au milieu du corps, affecte la poitrine et ferme les yeux. Mais la couronne et l'étoile résistent et brillent même, après que la personne a disparu, pour s'éteindre elles-mêmes sous le voile de la mort qui absorbe et le cercle et les bougies allumées, et toute la personne et toute la vision.

§ 4. — Notre-Dame de Krütt ou de Franckembourg à Neubois, en Alsace (1).

Pour nous renfermer dans les réserves que fait (p. 202) *la Semaine religieuse de Meaux*, relativement aux récits que l'on produit des apparitions de Neubois, « nous attendons le prononcé doctrinal sur les faits surnaturels qui se passent au pied de Franckembourg. »

Mais, sous la réserve de notre soumission à l'autorité diocésaine de Strasbourg, nous nous croyons permis de reproduire, avec une scrupuleuse exactitude, les détails de l'apparition multiple qui nous ont été donnés par un de nos amis, le mardi 4 février 1873, pour en déduire des explications conformes à celles qui résultent des précédentes apparitions de la sainte Vierge à la Salette, à Lourdes et à Pontmain. En attendant plus ample et plus régulière information, nous allons reproduire *in extenso* le récit de la *Semaine religieuse*, et nous y ajouterons les détails qui nous ont été communiqués par un de nos amis.

(P. 198.) « Dans le département du Bas-Rhin, arrondissement de Schlestadt, et à deux lieues nord-ouest de cette ville, se joignent les deux vallées de Sainte-Marie-aux-Mines au sud, et de Villé au nord, deux grandes lignes d'accès en France pour les Allemands. Au-dessus du confluent des deux rivières qui serpentent dans ces vallées, s'élève une montagne qui domine le village de Neubois, en allemand

---

(1) Nous mettons la main sur plusieurs numéros abandonnés de l'*Auxiliaire catholique*, où est représentée et décrite une partie du titre de la croix trouvée en 326 par l'impératrice sainte Hélène, et depuis renfermée dans la basilique que Constantin avait fait construire pour rappeler sa victoire sur Maxence avec et par le signe du salut : *In hoc signo vinces*. Mais ce titre, caché dans les combles de cette basilique, ne fut découvert qu'en 1492. Or, la couverture de ce recueil, composé par l'abbé Sionnet en 1845, est ornée d'un cercle lumineux dans lequel la sainte Vierge est environnée d'anges de la tête aux pieds. Cette couverture indique le puissant secours de Notre-Dame AUXILIATRICE.

Géreuth ; c'est un des contreforts de la grande montagne de Ban. A cause du château-fort qui la terminait, elle s'appelle *Franckemburg, forteresse des Francs :* Clovis, dit-on, l'avait construite. Du milieu de ces ruines, on aperçoit une grande partie de la plaine d'Alsace et les monts de la Forêt-Noire (duché de Bade). C'est le point d'intersection des deux langues française et allemande, en face de ces deux nations, dont l'histoire actuelle étonnera la postérité. Sur la montagne de Franckemburg, il est un point nommé Krütt par les Allemands instruits, et vulgairement Kritt ; un arbre y cachait une statuette de la très-sainte Vierge. »

« Le 7 juillet 1872, quatre petites filles de onze ans se rendaient à la forêt, causant comme on fait à cet âge. Tout-à-coup elles s'arrêtent ; elles aperçoivent « une Dame vêtue de blanc, ayant » une couronne sur la tête et une croix noire sur la poitrine. » L'impression qui domine est celle de la crainte ; elles s'enfuient. La religieuse qui leur faisait l'école, instruite de ce qui se passait, accompagna les jeunes filles à l'endroit où le fait avait eu lieu ; et, à sa grande surprise, les enfants lui affirmèrent qu'elles voyaient très-distinctement la même personne devant elles, tandis que la maîtresse n'apercevait rien de l'apparition. Les jours suivants, l'apparition se renouvela et se montra aux yeux de la religieuse, comme à ceux des enfants. Il n'y avait plus moyen de douter. »

« La nouvelle de cette apparition se répandit. Elle rencontra, comme toujours, des cœurs dociles et des esprits rebelles ; seule l'indifférence n'était plus possible. Informée, l'autorité ecclésiastique ne se prononça point. »

« Dès les premiers jours du prodige, de nombreux pèlerins des environs s'étaient rendus à Krütt. Le village de Neubois compte une population de plus de sept cents habitants catholiques. Quinze jours s'étaient à peine écoulés, que l'administration prussienne, trouvant ce mouvement chrétien peu conforme aux inspirations qu'elle reçoit d'en haut, envoyait un agent sur les lieux pour faire une enquête. Quelques personnes, favorisées de l'apparition, déposent devant l'homme de la loi. A leurs affirmations précises et catégoriques, il oppose de gands mots : *Illusion, — mirage, — effet de lumière !!!* Il défend d'abord de s'y rendre la nuit et déjà donne à comprendre que ces visites, dans un lieu où la superstition trouvait un champ trop vaste, ne pouvaient être tolérées plus longtemps. »

« Le peuple allait quand même. L'élan était donné, il était difficile de l'enrayer. Les apparitions continuaient. Tantôt une ou deux personnes sont favorisées de la vision, tantôt c'était un plus grand nombre. Quarante personnes assurent avoir vu l'apparition au même moment. La sainte Vierge ayant été vue entre deux châtaigniers, ces arbres furent aussitôt dépouillés de leurs branches ; l'écorce même est arrachée. Le gazon voisin, la terre aussi sont enlevés par les pèlerins qui les emportent chez eux. A Schlestadt, écrit un vieillard du pays, on a des autels en planches, en forme de petites chapelles, que l'on peut monter et démonter, qui servent pour les reposoirs de la Fête-Dieu. La commune de Géreuth a acheté un de ces reposoirs pour le placer entre les deux châtaigniers, en attendant que l'on puisse y construire une chapelle. Mais on comptait à Nerbois sans l'administration protestante. »

« Au commencement de septembre, le commissaire de police, accompagné de ses subalternes et du maire de l'endroit, arrive, et, s'inspirant de toute la majesté du rôle qu'il allait remplir, il prononce trois fois, posément, lentement, solennellement, en français et en allemand, la défense formelle de visiter ces lieux. Le lendemain, les soldats arrivent pour garder la montagne ; ils se répandent dans les villages voisins, logent chez les pauvres habitants, coupables, sans doute, d'être trop favorisés du ciel. Ils mangent, ils boivent ; et, pour s'en réserver le monopole, une défense est intimée aux habitants de Krütt de donner l'hospitalité aux étrangers. Les châteaux des environs reçoivent garnison ; les approches de la montagne de l'apparition sont entourés d'un cordon militaire. »

» Malgré ce déploiement de forces et ce luxe de précautions, la montagne est visitée. Les pèlerins n'écoutent que les inspirations de leur cœur ; ils s'ingénient à mettre en défaut la vigilance de l'administration. Et la très-sainte Vierge continue à paraître. Le 4 décembre, une femme aperçut, près de la chapelle dont l'accès avait été interdit par la police, la Mère du Sauveur ; Elle prononça ces paroles : « PRIEZ ; NE CESSEZ PAS DE PRIER. » La mission des soldats prussiens devenait inefficace ; on voulut du moins la rendre fructueuse pour le trésor. Le garde-forestier, les gendarmes sont investis du pouvoir suprême de frapper d'une amende de soixante-quinze francs et d'un emprisonnement de quinze jours toute personne qu'ils surprendront se rendant à la montagne. Les pèlerins n'en accourent pas moins de toutes parts et déjouent, en prenant des sentiers détournés, la surveillance des Prussiens. D'ailleurs la sainte Vierge se montre souvent hors du lieu dont l'accès est interdit. »

« Le 8 décembre, une femme d'Orbey entendit l'Apparition prononcer ces paroles : « PRIEZ, VOUS SEREZ EXAUCÉS. » Une dame, dont la bonne foi est hors de doute, dit l'*Echo de Fourvières*, fait le récit suivant : « Nous sommes arrivés à l'endroit de l'Apparition
» vers dix heures et demie, sous la conduite d'une petite fille de
» Neubois ; mais les Prussiens qui étaient de garde nous chassèrent,
» et nous descendîmes de la montagne la douleur dans l'âme. Nous
» nous mîmes à genoux avec d'autres personnes et nous récitâmes le
» chapelet. Dès le commencement de la prière, je vis, à une dizaine
» de mètres, entre deux arbres, la sainte Vierge, vêtue d'une robe
» bleue, d'un manteau rouge, avec une couronne d'or, l'enfant
» Jésus sur le bras droit, et, dans la main gauche, une espèce d'ins-
» trument de flagellation (1). L'Apparition, petite d'abord, grandis-
» sait par degrés (2). Je l'ai si bien vue, que j'aurais pu compter les
» découpures de la couronne. La figure de la sainte Vierge était
» d'une beauté indescriptible. Elle ne me regardait pas, elle baissait
» les yeux. Au premier moment, je fus saisie de crainte, et je priai
» en moi-même : « O Marie ! j'ai donc la faveur de vous voir !
» Cependant j'en suis indigne. Je vous recommande mes enfants. »
» Après cette prière, ma crainte se changea en grande joie, et, ne
» pouvant plus me contenir, je m'écriai : « O Marie ! quelle grâce ! »

(1) Nous verrons plus loin se reproduire la même menace.
(2) Il faut adapter à cette circonstance ce que nous avons dit de l'apparition de Pontmain sur la stature de la sainte Vierge, qui doublait la taille ordinaire de sœur Vitaline (p. 22).

» J'ai eu la vision pendant la durée des trois dizaines de chapelet et vers midi. Les Prussiens descendirent de la montagne et nous chas-
» sèrent du pré. »

« Mais la plus éclatante de toutes ces Apparitions a eu lieu le 10 janvier suivant (c'est celle que nous allons raconter et expliquer). C'est une pieuse demoiselle de Colmar qui en a été favo-risée. La sainte Vierge a parlé à plusieurs reprises. Sur la demande qui lui a été adressée, au *Nom de Jésus*, de dire qui elle était, elle a répondu par trois fois : JE SUIS LA MÈRE DE MISÉRICORDE. Elle a dit ensuite, quand la voyante demanda ce qu'elle devait faire : PRIEZ, PRIEZ, VOS VŒUX SERONT EXAUCÉS. Enfin elle a dit encore : PRIEZ, FAITES PÉNITENCE, LA DÉLIVRANCE APPROCHE. »

« Les défenses, les baïonnettes, les amendes, la prison n'avaient produit que l'odieux des mesures vexatoires sur ceux qui l'ordon-naient. On eut recours à la calomnie ; on aiguisa l'arme du ridicule. Une plume s'achète, paraît-il, facilement, et des articles de journaux se vendent à bas prix : ce qu'ils valent, d'ailleurs. Aux classes éle-vées on disait : « Attendre est le plus prudent ; l'effet serait désas-
» treux, si les grands entretenaient cette agitation qui repose sur
» des chimères. » Pour le peuple, c'était une autre note : « Ne
» croyez pas un mot de ce que l'on dit concernant cette Apparition.
» *Le temps des miracles est passé.* Cette Apparition de Géreuth
» est une *affaire arrangée et organisée par les jésuites.* Ceux
» qui voient la sainte Vierge meurent bientôt, etc. » Mais la calom-nie et le ridicule ont plus d'une fois ricoché. La sainte Écriture n'a-t-elle pas prophétisé : *Ils ont creusé la fosse, et leurs pieds y sont tombés.* Malgré tout, le peuple et les hautes classes vont à Neubois. »

« Les défenses des agents prussiens, qui rappellent le trop fameux

De par le roi, défense à Dieu
De faire miracle en ce lieu,

ont obtenu cette réponse du ciel : Le miracle. Plusieurs guérisons miraculeuses de personnes connues de tout le pays viennent d'ailleurs corroborer la véracité des témoins. Les miracles commencent à se multiplier, dit une lettre de Strasbourg, et à prouver que les Apparitions sont divines et non diaboliques, comme on le craignait pendant longtemps. Une personne digne de toute confiance, dit de son côté l'*Univers*, nous a affirmé qu'un habitant de Reichsfelden, près Ban, s'est trouvé miraculeusement guéri, après une visite à la montagne de l'Apparition de Krütt. Cet homme souffrait beaucoup de rhumatismes aigus qui l'empêchaient de marcher. Il se dit en lui-même : Pourquoi n'irais-je pas, comme tant d'autres, prier la bonne Vierge de Krütt, lui offrir mon bâton et lui demander la santé ? » Il le fit et se trouva guéri. Le *Wolksfreund* (l'ami du peuple) raconte plus longuement un prodige du même genre. Après de tels faits, on comprend que la confiance naisse, qu'elle s'augmente, qu'elle devienne inébranlable. »

« Quant aux récits qui circulent avec l'imagination de chacun, les reproductions inexactes, les habituelles amplifications, quant aux circonstances minutieuses, aux détails, aux paroles de la sainte Vierge surtout, il est sage de ne pas tout adopter de prime abord et sans mûr examen. (Nous allons publier quelques détails plus circonstanciés d'après les lettres que notre ami nous a communiquées ; et nous ne croyons pas agir inconsidérément en donnant de ces faits une explication concordante avec celles qui précèdent, afin de manifester encore le but de cette apparition.) Mais pour le fond et la réalité des apparitions, est-il possible que 400 personnes de tous les âges et conditions diverses, pendant la durée de plus de quatre mois, sans se concerter, ni même se connaître, affirment un mensonge ? »

« Du reste, nous attendons le jugement doctrinal sur les faits surnaturels qui se passent au pied du Franckembourg. L'évêque de Strasbourg recueille les témoignages, et on les fait signer par les témoins, qui doivent prêter serment. Il y a plusieurs centaines de personnes dignes de foi, qui déposent qu'elles ont vu la sainte Vierge. Cependant Sa Grandeur autorise *les témoins à raconter ce qu'ils savent* et voit avec plaisir qu'on aille à Neubois. »

« En restant dans la respectueuse attente d'une confirmation qui serait souhaitable à tant d'égards, si les faits sont indubitablement vrais, n'est-il pas permis de voir la sainte Vierge couvrant de sa protection spéciale notre pauvre France, pour ainsi dire, aux quatre coins de son territoire, à la Salette, à Lourdes, à Pontmain, à Neubois ? Les supplications et les vœux de la France ont ému le cœur maternel de la très sainte Mère ; on l'a priée avec trop de ferveur pour qu'à son tour elle n'intercède pas maintenant pour la France. »

« Qui nous empêchera de rapprocher ces quatre apparitions de Notre-Dame et d'y voir : la France défendue contre la perfidie ingrate de l'Italie et contre les persécutions légales de la Suisse par la Vierge des Alpes, qui sépare la France de la Suisse et de l'Italie ! La France protégée contre les sanglantes divisions de l'Espagne par la Vierge des Pyrénées, qui sont les frontières entre l'Espagne et la France ? La France encouragée par la Vierge de Pontmain ? Elle apparut dans les cieux parmi les étoiles des nuits, au milieu de ses meilleurs enfants, aux limites des plus chrétiennes populations de la Mayenne et de la Bretagne. PRIEZ MES ENFANTS, MON FILS SE LAISSE TOUCHER. DIEU VOUS EXAUCERA EN PEU DE TEMPS ! Enfin la France délivrée, et les provinces perdues consolées par la Vierge des vierges ? »

« Mais tout cela n'aura lieu qu'à la condition que, de notre côté, nous prierons et nous ferons pénitence. C'était l'interrogation de la Salette relative à la prière, et sa plainte pour le carême et l'abstinence. C'était l'enseignement de Lourdes : Prier et faire pénitence. C'était le mot de Pontmain : MAIS PRIEZ. C'est toujours l'injonction de Neubois : PRIEZ, PRIEZ, NE CESSEZ DE PRIER : PRIEZ ET FAITES PÉNITENCE. » (*Semaine religieuse* de Meaux, samedi 26 avril 1873.)

Et nous, après ce préambule qui donne un témoignage déjà si favorable, nous recueillons le récit des *témoins qui sont autorisés à dire ce qu'ils savent*, afin d'entrer plus avant dans les détails de l'apparition à Neubois et d'en faire voir la signification d'accord avec les explications que nous avons données des apparitions de la Salette, de Lourdes et de Pontmain.

« Un nommé M. R... ne croyait pas d'abord à ces apparitions ; mais, dès que sur les lieux il entendit les récits des personnes qui voyaient la sainte Vierge, il revint de ses préventions. Il a même dit qu'il ressentait intérieurement une émotion dont il ne se rendait pas compte et qui l'attendrissait jusqu'aux larmes. Il donna de l'argent à l'une des petites voyantes pour qu'elle fît en son nom une neuvaine à la sainte Vierge. C'est à cette enfant qu'eut lieu l'apparition dont nous allons parler : »

« Cette enfant a vu d'abord la sainte Vierge toute jaune, tenant dans la main droite un sceptre et dans la main gauche une tête de mort (1).

» Un moment après elle vit la sainte Vierge toute blanche, les bras et les mains cachés dans de longues manches (comme est représentée l'Apparition de la Salette) ; ses longs cheveux retombaient sur ses épaules. Puis un Ange d'une grande stature vint se placer les mains jointes aux pieds de Marie. Par côté apparut aussi une sœur de charité, qui tenait un blessé dans ses bras ; mais elle dit : « C'est la sainte Vierge qui va panser cet homme. » Alors, lui mettant un linge autour du corps, elle alla se placer devant la sainte Vierge, et tout disparut (2).

« La vision se poursuit quelques moments après aux yeux de l'enfant, comme la réalisation de ce qu'elle venait de voir. C'était en présence de M. R. et d'autres personnes qui récitaient le Rosaire tout entier et deux litanies. Tout à coup la petite s'écria : « Je » vois la sainte Vierge couverte d'un voile bleu, elle a sur sa poi- » trine une grande médaille. » Après un moment de prières : « Je la » vois, dit-elle, qui s'asseoit ; elle tient notre Seigneur sur ses ge-

---

(1) Ici, sous les couleurs blafardes d'un soleil jaunâtre, tel qu'on le voit depuis quelque temps, arrive une catastrophe : c'est la défaite et la mort de Napoléon III qui porte le sceptre ; et Marie l'annonce à l'enfant sous ces emblèmes.

(2) Mais elle reprend la couleur blanche qui convient à la gloire de sa virginité, pour montrer que sa puissante intercession n'est pas diminuée par le malheur des temps. Toutefois, c'est une Mère de douleur, aux cheveux épars, et dont les mains, cachées sous ses vêtements, comme à la Salette, montrent l'excès de sa douleur. Un Ange vient la consoler, comme il consola Jésus au jardin des Olives. *Rachel pleure ses enfants, parce qu'ils ne sont plus* : Une sœur de charité soigne des blessures mortelles, et, ne pouvant y suffire, elle laisse ce soin pénible à la Mère de Dieu, qui prend des mains de la sœur le linge du blessé pour le panser elle-même, jusqu'à ce que l'Ange vienne mettre un terme à ce spectacle déchirant.

» noux, dont la tête est appuyée sur sa main droite. » Un moment
« après : Voici, dit-elle, un Ange qui tient le saint suaire ; de l'autre
» côté, un autre Ange tient la lance dans sa main droite, dans sa main
» gauche l'éponge ; et je vois encore que le même Ange qui a la lance
» a maintenant un CALICE en main. » Un moment après, l'enfant
voit la sainte Vierge essuyer avec son voile le visage de Notre
Seigneur. (1)

1. « Le 1er novembre 1872, les enfants voient la sainte Vierge sous
la forme de la *Mère de douleur*, ayant Jésus mort sur ses
genoux. »

2. « Le 7 novembre, elles voient le cœur de Marie percé d'un
glaive et toute triste. »

3. « Le 12 novembre, elles voient la sainte Vierge sous la forme
de l'Immaculée-Conception. »

4. « Le 15 novembre même apparition accompagnée d'un prêtre
en étole qui avançait vers la sainte Vierge. Les petites priaient pour
le Saint-Père. »

« Le 16 novembre apparaît la Mère de douleurs avec Jésus sur
ses genoux. Marie avait une couronne d'or sur la tête. Un
vieillard, plein de joie, vêtu d'une étole, était à genoux aux pieds
de la sainte Vierge. Plus tard, une autre enfant vit la Mère de Dieu
dans la tristesse ; elle avait devant elle une jeune fille d'une vingtaine

---

(1) La *Mater dolorosa* ayant sur son cœur la grande médaille miraculeuse de
l'Immaculée-Conception, révélée à Paris dès 1830, paraît sous le voile bleu de
l'Immaculée-Conception (Note de la p. 20) pour remplir à notre égard, comme à
l'égard de son Fils sur ses genoux, dont la tête est appuyée sur sa main droite, les
fonctions d'une sœur de charité, mais c'est avec divers instruments de la Passion que
présentent deux Anges. L'un tient de la main droite la lance, pour figurer un combat à l'arme blanche, et de la main gauche il semble étancher les blessures avec
l'éponge, tandis que l'autre Ange porte un suaire, comme pour ensevelir les morts.
Et celui qui panse les plaies avec Marie tient aussi le *calice*, comme à Samois,
pour figurer le saint Sacrifice qui apaise la colère et fait rentrer le glaive dans le
fourreau. Or Marie, en signe de salut, essuie, de son voile immaculé la face de
son Jésus, comme si c'était nous-mêmes ; car au Calvaire nous avons été substitués
à Jésus mourant, et à nous, près de succomber, et en face de la mort, notre Mère
adoptive, par la plus sublime des adoptions, vient elle-même, avec son voile,
essuyer notre visage et tarir nos pleurs.

d'années tristement debout en habit de deuil. Derrière elle était un vieillard revêtu d'une étole, et derrière ce vieillard un enfant d'environ dix ans tout en or et semblable à l'enfant Jésus. Tous étaient plongés dans la tristesse. » (1)

« 5. Le 17 novembre, Marie apparaissait ayant les bras croisés sur la poitrine ; son cœur était noir; à sa droite était un Ange. Cette vision disparut. Et à peine six minutes s'étaient écoulées que la sainte Vierge reparut accompagnée de deux Anges. A sa droite était un prêtre en étole noire ; puis la Vision s'évanouit pour se produire une troisième fois avec l'enfant Jésus sur le bras droit. Tout respirait la tristesse ; car la Vierge Marie, ainsi que l'enfant Jésus, avaient la figure noire. » (2)

« 6. Une autre enfant vit la sainte Vierge avec une couronne blanche et des feuilles vertes, accompagnée de deux enfants, et un

---

(1) Les enfants s'accordent entre elles pour voir la *Mater dolorosa* percée d'un glaive. C'est cette Mère de douleur qui nous a introduit dans la connaissance de son Immaculée-Conception ; et devant cette image, un vieillard, le Pontife saint, est revêtu de l'étole, de la part de la toute-puissance suppliante de Marie. Ce prêtre est tout joyeux de cette investiture, car il connaît la puissance de celle dont il tient ses pouvoirs; c'est la Reine qui porte sur sa tête une couronne d'or.

Le même tableau se présente à une autre enfant. C'est encore un vieillard, le Pontife saint, revêtu de l'étole, à genoux devant la *Mater dolorosa* sur le second plan ; sur le premier plan était, dans la tristesse et le deuil, une jeune fille d'une vingtaine d'années ; c'est cette femme qui doit aider le Pontife saint à faire triompher la religion. Mais au dernier plan, derrière le Pontife, est aussi dans la tristesse l'enfant Jésus tout en or, à l'âge d'environ dix ans, pour confondre de nouveau par son éclat les savants, comme il confondit autrefois, à l'âge de douze ans, les docteurs de la synagogue. C'est dire que le Pontife saint aura puissance, par Jésus enfant, de rétablir les véritables notions du bien, du vrai, du beau : *Ego sum via, veritas et vita.* (S. Jean, 14-6.)

(2) Les bras croisés sur la poitrine sont le signe d'un grand recueillement et d'une grande douleur, puisque le cœur de la sainte Vierge est noir. Aussi un seul Ange ne suffit-il plus pour calmer ses agitations ; deux Anges paraissent pour protéger l'Eglise, dont Marie est la mère ; l'écusson, porté d'abord par un seul Ange, sera soutenu par deux anges au besoin. Mais ce ne sera pas sans douleur, puisque l'étole du Pontife est noire, et que l'enfant, sur le bras droit de sa mère, n'apparaît qu'avec les insignes de la tristesse.

petit chien tout blanc (1). L'Apparition était triste. Au même moment, une femme vit un tabernacle dans lequel se trouvait le Très-
Saint-Sacrement. »

« 7. Le 19 novembre, entre midi et une heure, on vit la sainte
Vierge couverte d'un manteau bleu parsemé d'étoiles d'or. Elle tenait
l'enfant Jésus sur son bras droit, leurs figures étaient noires. De plus
apparurent deux personnages d'un haut rang avec des couronnes d'or
sur la tête. L'un d'eux était vêtu de blanc, l'autre avait un manteau
royal en or avec un mantelet. Tout à coup se déroule une procession
autour d'une montagne. C'étaient deux rangées d'enfants et de femmes en plus petit nombre, sans couronne ni voile et tous en cheveux. Les petites voyantes disaient : « Quand nous avancions, la
» procession marchait ; lorsque nous nous arrêtions, c'était comme le
» signal du repos. » De cette procession, dont on ne voyait pas la
fin, la sainte Vierge était la tête, elle avait les bras en croix, et tout
le cortége, suivant son exemple, avait aussi les bras en croix. » (2)

---

(1) Il faudrait être initié aux particularités navrantes d'une famille éplorée par
la perte de deux enfants dans la même année, sous l'emblème de la même croix ;
cette famille aurait un petit chien tout blanc et serait sous la protection de la
Vierge aux blanches fleurs, enchâssée dans des feuilles vertes. Il faudrait aussi
connaître la signification que peut avoir la vue du tabernacle qui renferme l'ostensoir du Très-Saint-Sacrement, pour savoir le sujet particulier de la tristesse de
Marie. Mais toutes ces particularités se révèleront en leur temps. L'explication de
cette vision pourrait se faire par les terribles apparitions du Très-Saint-Sacrement
à Larche (Corrèze), dont nous parlerons plus loin.

(1) Cette autre vision devient plus claire par son rapport avec l'Apparition de
Pontmain. La sainte Vierge, en effet, est revêtue d'un manteau parsemé d'étoiles
d'or. C'est la Reine du ciel, l'Immaculée-Conception, qui assiste, avec l'enfant Jésus
sur le bras droit, au renouvellement des cieux, annoncé dans les visions de Pontmain (p. 28). Et, quoique les figures de la Vierge et de l'Enfant soient noires, en
signe de tristesse, on ne remarque pas moins deux personnages de haut rang :
l'un, le Pontife saint, revêtu de la robe blanche pontificale, l'autre, le grand Monarque, avec son grand manteau royal en or, ayant par dessus un mantelet pour
signifier l'état pénitent du Monarque fort ; car il sera du dernier ordre religieux,
les équiers armés, prédits dans les lettres de saint François de Paule. (CORNEILLE
DE LA PIERRE sur *les Dix rois de l'Apocalypse*.)
Alors se forme sur une montagne, la montagne de l'Eglise, une procession dont
on ne voit pas la fin, tant s'accroît le nombre des pieux fidèles. Ils n'ont ni voile,
ni couronne, ni rien qui leur couvre la tête, étant disposés à recevoir la couronne

« 8. Le 20 novembre, quatre personnes virent la sainte Vierge. Elles apercevaient d'abord un évêque habillé en or avec une ceinture rouge, puis une sœur de saint Jean de Basel à genoux. Au commencement des litanies la sainte Vierge leur apparut en manteau bleu, en robe rouge avec une ceinture rouge. La sœur frappait sa poitrine aux trois *Agnus Dei*, et à la fin des litanies la sœur fit une profonde révérence à la Mère de Dieu, et tout disparut. » (1)

« 9. Le 22 novembre, entre midi et une heure, une des petites filles vit la sainte Vierge toute blanche et en cheveux (2).

« 10. Le 23 novembre, la sainte Vierge apparut en voile blanc, une couronne d'or sur la tête. Un vieillard avec une barbe noire se trouvait à gauche ; il avait un surplis, et portait une couronne d'or. Il s'entretenait familièrement avec la très-sainte Vierge. » (3)

« 11. Le 24 novembre, une grande personne vit le Sacré-Cœur de Marie. La sainte Vierge avait une robe rouge et un voile bleu ; elle était triste. » (4)

---

d'épines, qui n'est pas aperçue ici, mais qui est prédite pour le grand Monarque et ses fidèles sujets (ibid.). Cette procession, composée d'enfants pour la plupart et de femmes pieuses, marche ou fait halte, selon que les voyantes s'avancent ou s'arrêtent. Et cette injonction apparente des petites voyantes marque la volonté du Seigneur d'observer tous les mouvements du cœur des chrétiens qui l'aiment : *voluntatem timentium se faciet* (psaume 144-19), qui l'aiment jusqu'à le suivre dans la route du Calvaire, ayant à leur tête la Mère de douleurs ; car c'est elle qui ouvre la marche, les bras en croix, et tous la suivent de même les bras en croix.

(1) L'évêque habillé en or est toujours le même personnage, le Pontife saint ; et, s'il a une ceinture rouge, c'est que la sainte Vierge est vêtue de même d'une robe rouge avec une ceinture de même couleur, pour marquer l'action visible de la Mère de Dieu pour le gouvernement de l'Eglise par le Pape Angélique, avec l'habit rouge de l'ordre des Porte-Croix. La sœur de Basel représente dans sa pénitence la femme qui suit le grand Monarque.

(2) Cette vision représente encore les Crucigères couronnés d'épines et nu-tête, comme il a été expliqué (n° 7).

(3) Ce vieillard à barbe noire, mais revêtu d'un surplis, indique que dans sa jeunesse, lorsqu'il avait la barbe noire, il n'était revêtu que du surplis ; mais, devenu vieux, il porte l'étole, puisque c'est le même personnage des n°s 3 et 4 ; il a une couronne d'or et devient le familier de la sainte Vierge, toujours revêtu qu'il est des mêmes ornements qu'elle. *Lorsque vous étiez jeune, vous vous dirigiez au gré de vos désirs ; mais, devenu vieux, un autre vous ceindra et vous fera marcher où vous ne voudriez pas aller.* (S. Jean, 21-18.)

(4) C'est la même vision que celle du 20 novembre (n° 8).

« 12. Le 26 novembre, on vit la sainte Vierge en robe blanche tirant sur le gris, un voile blanc, une couronne de roses blanches mêlées de feuilles vertes. Sa figure était noire. Un prêtre était à sa droite, habillé de blanc tirant sur le gris, avec une ceinture de même couleur. Il se dirigeait les *mains jointes* vers cette Mère affligée la priant avec ferveur. Au bas de son habit gris, il avait deux guirlandes de lilas de couleur gris foncé, dont les fleurs se rejoignaient. » (1)

« 13. Le 3 janvier, une personne de Sand, du côté de Benfeld vit la sainte Vierge toute blanche, couverte d'un voile bleu, sous la forme de l'Immaculée-Conception. Entre midi et une heure un globe vert coupé en croix se présenta devant le soleil. Ce globe était agité et semblait bouillonner. On y voyait tantôt un M, tantôt une pensée, et ce signe variait continuellement de forme et de couleur. Autour du soleil il y avait un jaune d'or qui se réflétait sur la terre. Et tous les environs de Neubois : les maisons, le linge, le visage de tous les assistants, la cornette des religieuses, en un mot, tous les objets subissaient le reflet de cette couleur blême et jaunâtre. Déjà plusieurs fois la couronne du soleil avait présenté le même aspect, en variant la teinte du phénomène du jaune au rose alternativement. » (2)

« 14. Cependant M. le curé de Schervillers ne voulait point ajou-

---

(1) Et voici le complément de tout ce tableau : le signe de deuil couleur grise, qui orne Notre-Dame avec sa couronne de lierre, telle qu'elle a été déjà vue (nº 5. p. 43), orne aussi le prêtre qui se dirige, les *mains jointes*, vers la sainte Vierge. Le Pontife saint est à sa droite cette fois (nº 4, p. 43 note 1), pour montrer qu'il est revêtu de sa puissance ; car si la couleur grise est un signe de tristesse, c'est aussi le signe de transition pour le renouvellement de la nature, puisque les deux branches de lilas couleur gris foncé, comme les ornements de la sainte Vierge et du Pontife saint, se rejoignent au bas de la robe pontificale par la fleur printanière du printemps à l'automne et de l'automne au printemps, sans été comme sans hiver. Et c'est ainsi qu'est encore figuré le redressement de l'écliptique sur l'équateur.

(2) Le vert, couleur d'espérance, et le violet, couleur de la pénitence, reflètent l'emblème de la vision, où le vert de la couronne du soleil se marie à la couleur plus sombre de la pensée. On est, en effet, dans l'attente de la réalisation de grandes espérances ; mais les fidèles sont vivement agités au milieu de leur espoir, pour mettre sur leur poitrine l'humble violette ou la timide pensée, se revêtant

ter foi à toutes ces manifestations. Mais, pour éprouver l'une des peti- tes voyantes, il la conduisit le 4 janvier sur le lieu de l'Apparition. L'enfant vit alors la sainte Vierge toute blanche avec un voile noir et une couronne d'or sur la tête. De sa main droite elle agitait un bâton de feu, comme si elle frappait quelqu'un ou quelque chose. Toutefois, M. le curé accablait l'enfant de tant de questions qu'elle se mit à pleurer et à s'enfuir. » (1)

« 15. Le même jour, d'autres personnes, parmi la foule, virent aussi la sainte Vierge ; elle tenait l'enfant Jésus par la main. Alors on se porta du côté de la Vision, et un plus grand nombre de person- nes virent la Vierge Marie prendre l'enfant Jésus sur son bras gau- che, rester un instant et disparaître. » (2)

« 16. Le 6 janvier, jour des Rois, des enfants ont vu la Vierge dans le soleil. Elle se tenait avec l'enfant Jésus devant le soleil sur un globe vert. Un Prussien à cheval, à l'œil terrible et mena- çant, faisait des évolutions autour d'elle ; il avait les yeux fixés

---

des couleurs de la pénitence. Ils sont d'autant plus portés à fléchir le courroux du Ciel, que présentement le soleil, dans les rares et courts intervalles où il paraît, nous ne dirons pas sans vapeurs, mais sans nuages, au lieu de son rayonnement autrefois si clair, si net et d'un blanc si brillant, affecte maintenant une couleur jaunâtre et trace des ombres indécises. Ce reflet blafard et cette ombre si peu vive du soleil s'explique physiquement par les taches plus grandes, plus creuses et plus multipliées que jamais, obervées actuellement à l'œil nu par les astrono- mes. Que l'on projette la lumière électrique, et l'on verra son ombre à vive arête se dessiner nettement sur les objets. Il en était de même il y a quelques années de l'ombre du soleil.

(1) La petite voyante, dont, par prudence, M. le curé rejetait les assertions, lui répond par une vision plus terrible que les précédentes. La sainte Vierge apparaît dans toute sa pureté et sa puissance, toute blanche qu'elle est, le front ceint d'une couronne d'or ; mais son voile de deuil annonce de grands désastres. Le bâton de feu signifie la victoire du Pontife saint, qui parcourt le monde, avec les Crucigères, un bâton à la main, pour vaincre les musulmans et reconquérir le siége et le pa- triarcat de Jérusalem. Mêmes menaces qu'à Pontmain. (P. 32).

(2) Voilà la puissance de Marie sur le cœur de son Fils qu'elle tient *par la main* ; et, par substitution, elle conduit aussi le Pontife saint dans toutes ses courses apos- toliques jusqu'aux extrémités du monde. Mais elle commence son œuvre de régé- nération en tenant l'enfant Jésus sur son bras gauche. Puis l'enfant Jésus disparaît (comme à Samois), pour laisser sa puissance de miséricorde à sa Mère.

sur son cheval, sans les détourner pour regarder la Madone. » (1)

« 17. Le 9 janvier, en présence de la demoiselle qui a donné cette relation, de sa mère, de son frère et de M. R..., une famille de Strasbourg, qui avait un petit garçon tout bossu, a vu la sainte Vierge sous la forme de l'Immaculée-Conception. Elle se tenait les *mains jointes* en présence du Père éternel qui la couronnait. » (2)

« 18. Vendredi 10 janvier (Apparition que la *Semaine religieuse* de Meaux regarde comme la plus remarquable), la sainte Vierge a parlé à plusieurs reprises. Deux demoiselles de Colmar vinrent à la montagne. Toutes deux ont vu la Vierge Mère ; mais l'une d'elles fut tellement effrayée, qu'elle tomba sans connaissance et resta ainsi pendant une heure (3). A l'autre demoiselle, qui fut néanmoins épouvantée, la sainte Vierge fit signe d'approcher. Elle obéit, s'avance, se met à genoux et dit : « Au nom de Jésus, faites-moi connaître » qui vous êtes. » — « Je suis, répond l'Apparition, je suis la Mère » de Miséricorde. » Puis elle lui donne trois fois sa bénédiction et disparaît. »

« 19. Mais la voyante continue de prier, et la sainte Vierge part cette fois directement du soleil, et revient sous la forme de l'Immaculée-Conception : « Ma bonne mère, dit la voyante, que demandez-» vous à vos enfants ? » — « Priez, priez sans relache, dit Marie,

---

(1) C'est annoncer ici notre délivrance du joug qui nous accable par *celle qui est terrible comme une armée rangée en bataille* (Cant. 6, 3, 9). Elle est la Reine des rois, placée dans le soleil sur un nuage aux couleurs de l'espérance. Elle s'opposera aux menaces de nos vainqueurs par cet épouvantable prodige déjà indiqué, lançant ainsi le glaive de sa parole contre l'Allemagne, ainsi qu'il va être dit plus loin.

(2) Tout finirait par la bénédiction du Père éternel donnée à la Vierge Immaculée, si la vision du 10 janvier, la plus remarquable de toutes, ne donnait sur cette bénédiction des détails qu'il nous faut encore expliquer. Marie continue d'apparaître dans le soleil, pour montrer que c'est par les astres, et principalement par l'astre du jour, que Notre-Dame *Auxiliatrice* va nous révéler sa puissance.

(3) Cette vision, terrible pour l'une des jeunes filles, est bénévole pour l'autre, et la prépare à recevoir les enseignements qui résultent des autres visions successives ; car la sainte Vierge se désigne sous le nom de la *Mère de Miséricorde*.

» ET FAITES PÉNITENCE. » Elle donne trois fois sa bénédiction et disparaît encore. » (1)

« 20. Mais c'est pour revenir aussitôt en partant une seconde fois du soleil avec l'enfant Jésus sur son bras gauche, et tenant de sa main droite une épée : « Ma bonne Mère, lui réitère la voyante : » Que demandez-vous à vos enfants ? » — « PRIEZ, PRIEZ, répond Marie, VOS VŒUX SERONT EXAUCÉS. » Et, jetant de sa main droite son épée vers l'Allemagne, elle donne une troisième bénédiction et disparaît. » (2)

« 21. Pour la quatrième fois, la sainte Vierge se manifeste en partant une troisième fois du soleil, tout entourée d'Anges, et elle fait le tour de la montagne de Franckembourg. Plusieurs enfants ont entendu le concert des Anges. Cependant, sur la place de l'Apparition était la sainte Trinité ; et, lorsque Marie eut fait le tour de la montagne, elle disparut comme enveloppée dans ce glorieux Mystère. » (3)

« 22. Marie reparaît une cinquième fois, accompagnée du Saint-Père. Elle est à genoux à deux mètres de terre. Elle a sur sa poitrine une grande croix. Elle tient le Saint-Père de la main droite, et, prenant la croix de la main gauche, elle la donne à baiser au Souverain Pontife, qui disparaît. Alors la Sainte Vierge descend jus-

---

(1) Ici l'Apparition, sous la forme de l'Immaculée-Conception, part du soleil, ainsi que le disent les visions précédentes, pour démontrer, conformément à celle qu'en donne saint Denis l'Aréopagite à saint Polycarpe, les révolutions astrales survenues par suite des trois miracles du déluge, de Josué et d'Ézéchias, et, en dernier lieu, les défections actuelles de l'astre du jour.

(2) A la troisième vision, la sainte Vierge part encore du soleil, et tient l'enfant Jésus sur son bras gauche pour signifier, avec l'index de la main droite, l'intimation de ses ordres ; et c'est par le glaive de sa parole que l'Allemagne sera convertie (p. 48, note 1).

(3) La quatrième vision continue à voir la sainte Vierge sortant pour la troisième fois du soleil, mais environnée d'Anges, comme elle est représentée au frontispice du journal l'*Auxiliaire* (p. 34). Et c'est par l'intercession de Marie que la sainte Trinité nous est favorable, comme étant la Fille du Père, la Mère du Fils et l'Épouse du Saint-Esprit (p. 9). C'est pour cela qu'à plusieurs reprises elle donne trois fois sa bénédiction au nom du Père, du Fils et du Saint-Esprit, comme étant investie de la toute-puissance suppliante.

qu'à terre, et la voyante lui dit : « Que désirez-vous de nous ? » — « PRIEZ, PRIEZ, répond Marie, LE JOUR DE LA DÉLIVRANCE EST PRO- » CHE. » Puis elle remonte au ciel. Mais la voyante l'appelle en disant : « Ma bonne Mère, donnez-nous votre bénédiction avant de » nous quitter. » Et la sainte Vierge donne trois fois sa bénédiction et disparaît. La voyante va ensuite baiser la terre où Notre-Dame avait reposé tout près devant elle. Alors la *Mère de Miséricorde* lui dit : « ENTONNEZ LE PSAUME POUR LE SAINT-PÈRE : LEVAVI » OCULOS... » Puis elle donne trois fois sa bénédiction et disparaît en disant : « LA PAIX SOIT AVEC VOUS. » (1)

§ 5. — Sainte-Marie des Batignolles, à Paris.

Deux enfants habitant la même paroisse de Sainte-Marie des Batignolles, à Paris, sur le penchant sud-ouest de la montagne Montmartre, où l'on a le dessein de construire une église en l'honneur du Sacré-Cœur de Jésus, ont été miraculeusement guéris l'un après l'autre et coup sur coup à la suite de deux apparitions de la sainte Vierge, et peu de temps après les apparitions en Alsace. Il semblerait que la divine Mère vienne elle-même s'attendrir sur tous les revers et toutes les douleurs de la France : à Pontmain, sur les dernières li-

---

(1) La cinquième fois, Notre-Dame *Auxiliatrice* revient avec Pie IX, qu'elle tient de la main droite pour le soutenir dans toutes ses épreuves, et, détachant de la main gauche la grande croix qu'elle porte sur sa poitrine, telle qu'elle est représentée dans l'apparition de Pontmain (p. 28, note 2), elle la donne à baiser au Souverain Pontife, qui disparaît incontinent. La sainte Vierge étend alors sa protection d'une manière plus sensible ; élevée qu'elle était auparavant à deux mètres au-dessus du sol, elle descend jusqu'à terre, se faisant prier pour donner une troisième fois sa triple bénédiction. Mais, tout en bénissant, celle, que providentiellement nous avons nommée *Notre-Dame-Auxiliatrice*, nous enjoint de réciter le psaume : *Levavi oculos meos in montes, undè veniet auxilium mihi*, qui est bien le psaume pour implorer le secours de Dieu ; et c'est encore par le premier psaume pour les vêpres du lundi que nous nous écrions : *Levavi oculos meos in montes, undè veniet auxilium mihi* (p. 39), O *Mère de Miséricorde*, ô Notre-Dame *Auxiliatrice*, soutenez la Chaire de Saint-Pierre !

mites de l'invasion prussienne, en Alsace, au milieu de nos riches provinces perdues, et à Paris, qui a deux fois souffert des horreurs du siége et par les ruines amoncelées par quelques-uns de ses enfants dénaturés. Mais, pour que le rapprochement de ces diverses apparitions soit plus évident, c'est d'abord sur un petit Alsacien que va s'opérer le premier miracle. Le second fait miraculeux est peut-être plus émouvant encore, mais il se lie tellement au premier qu'il semble destiné à lui servir de confirmation.

Le jeune Armand Wallet est fils de parents Alsaciens établis depuis longtemps à Paris, rue Truffaut, nº 36, à Batignolles. L'enfant a treize ans révolus. Depuis trois ans, il souffrait chaque hiver de douleurs rhumatismales qui disparaissaient graduellement aux approches de la belle saison. Cette année 1873, au mois de janvier, les douleurs revinrent plus intenses. Elles augmentèrent pendant six semaines ; les quinze derniers jours, l'enfant était perclus de tous ses membres ; il fallait le porter pour le déplacer dans son lit. Enfin, pendant les huit derniers jours, son état s'était compliqué de crises nerveuses amenant des convulsions violentes.

Le 18 février, à huit heures du matin, il eut une crise effrayante : sa mère courut chercher du secours : quand elle revint, elle trouva son enfant qui pleurait de joie : « Maman, disait-il, je vois la sainte Vierge là-bas sur la fenêtre. » La mère lui dit : « Elle vient peut-être pour te guérir. » Puis elle sort de nouveau pour raconter ce qui se passe. A son retour, l'enfant était guéri. Toute douleur avait disparu, et depuis lors aucun accident ne s'est reproduit. La guérison avait été instantanée. Le médecin qui visitait l'enfant, le docteur Piedfer, ne revint que le lendemain ; il constata la guérison, et déclara qu'elle n'était certainement pas l'effet de ses remèdes ; que toutefois il ne lui semblait pas impossible qu'elle eût pour cause une réaction du moral sur le physique, l'enfant ayant, sans doute, ouï parler des apparitions en Alsace.

Il faut maintenant dire un mot de l'apparition elle-même. Elle fut permanente pour Armand Wallet pendant six jours ; aussi bien dans l'obscurité qu'en plein jour, ou à la clarté de la lampe. Cette Apparition n'était pas de grandeur naturelle, elle avait la hauteur d'une palme, mais paraissait vivante : elle avait même fait plusieurs mouvements, comme d'indiquer du doigt qu'il fallait se mettre à genoux, ou d'étendre la main sur un chapelet qu'on lui offrait. Elle n'avait pas toujours les mêmes vêtements. Tantôt elle portait l'enfant Jésus, tantôt elle se tenait les mains étendues et abaissées dans l'attitude de l'Immaculée-Conception (1).

Beaucoup de personnes sont venues dans la chambre de Mme Wallet pendant six jours : l'Apparition a été vue par plusieurs, mais surtout par des enfants. Quelques-uns, après avoir dit qu'ils voyaient, se sont démentis. D'autres ont persisté avec fermeté et candeur. On peut citer le jeune Léon Castan, âgé de onze ans, camarade d'Armand Wallet, qui a toujours vu comme lui ; la petite Blanche Nicot, âgée de six ans, qui a vu l'Apparition en présence de l'abbé de la Perche, vicaire à Sainte-Marie, lequel ne voyait rien, mais interrogeait l'enfant et apprenait d'elle ce qu'elle voyait, et la jeune Marie Vassel qui a vu de même. Les témoignages de ces enfants étaient parfaitement concordants sur les détails de l'Apparition. Parmi les grandes personnes, il faut noter surtout Mme Lemercier, personne âgée de cinquante-trois ans, laquelle a vu une fois la sainte Vierge, mais la seconde fois moins nettement.

Le septième jour, Armand Wallet a vu l'Apparition encore une fois, et ç'a été la dernière. Cet événement a causé quelque rumeur dans le quartier, mais n'a donné lieu à aucune manifestation malveillante (2).

Pendant ce temps-là, un autre enfant de onze ans et demi, Alfred Fontès, Brésilien, élève du petit séminaire de Saint-Nicolas du Chardonnet, tombait gravement malade. Il fut soigné pendant six semaines dans cet établissement ; son mal était « une affection de foie,

---

(1) On voit ici se reproduire les mêmes circonstances pour la diversité de la taille et des vêtements de la sainte Vierge comme pour les différentes positions de l'enfant Jésus dans ses bras ou de l'Immaculée-Conception, telles qu'elles ont été remarquées dans les précédentes apparitions. C'est donc toujours le même but de la Mère de Miséricorde : le salut de la France.

(2) Tous les détails de cette apparition, et ceux de l'apparition relatée ci-après, sont extraits de la *Semaine religieuse de Paris.*

compliquée d'ulcérations intestinales et stomachales. » (Extrait du certificat du médecin.) Rendu à sa mère, qui habite place des Batignolles, n° 8, il reçut à partir du 25 février les soins du docteur Crestey. Son état empirant tous les jours, ce docteur demanda une consultation du docteur Moutard-Martin, médecin de l'hôpital Beaujon. Celui-ci constata « une tuberculose s'étalant en même temps sur le péritoine, sur les muqueuses de l'estomac, de l'œsophage et des bronches. Le pronostic fut de la dernière gravité. A partir de ce moment et durant quinze jours, les accidents ne firent que s'accroître, malgré les moyens employés. L'enfant en était à vomir constamment non-seulement tout aliment solide ou liquide, mais même quand il n'avait rien absorbé. L'état général ne laissait aucun espoir. » (Extrait du certificat du docteur Crestey.)

Les choses en étaient là le 17 mars. M. l'abbé Bourgeol, vicaire à Sainte-Marie, avait dû renoncer à faire faire à l'enfant sa première communion *in extremis*, à cause des vomissements. Il était venu le voir le dimanche 16, et, en le quittant, il s'était senti pressé de dire à la mère : « Votre enfant guérira subitement. » Il déclare avoir obéi à je ne sais quel mouvement irrésistible en prononçant ces paroles. Il pensait à la guérison d'Armand Wallet.

Le lendemain, 17 mars, à onze heures un quart du matin, Mme Fontès essayait de faire prendre au malade quelque nourriture que celui-ci rendait comme à l'ordinaire ; puis il disait à sa mère désolée : « Si la sainte Vierge veut, elle peut bien me guérir, comme » elle a guéri le petit Wallet. » Là-dessus, la mère passe dans la chambre à côté, et au bout de quelques instants, Alfred la rappelle en criant : « Je suis guéri, j'ai vu la Sainte-Vierge. » La Vision avait paru à l'enfant durant dix minutes ; mais la mère déclare qu'il ne s'en est pas écoulé plus d'une. Ce qu'il a vu était la Vierge immaculée, vêtue de blanc et de bleu, éclatante de lumière : il avait pu distinguer ses traits, mais n'avait pu voir ses yeux. Quand il appela sa mère, la Vision avait cessé et ne s'est pas renouvelée depuis (1).

_____

(1) C'est encore sous le même costume blanc et bleu de l'Immaculée-Conception que la sainte Vierge apparaît et guérit le petit Albert Fontès. Il y a donc homo-

Mais l'enfant était entièrement guéri. L'enflure énorme du ventre avait disparu instantanément sans aucune évacuation. Les membres amaigris à l'excès avaient repris leur volume et leur carnation ordinaires. Plus de douleurs, plus de vomissements, santé parfaite. Alfred s'est levé, a fait un bon repas, et le docteur Crestey a pu constater le jour même une guérison absolue, qui ne s'est pas démentie depuis. Le docteur termine un certificat fort détaillé par ces paroles que nous transcrivons textuellement : « Ces faits ont été constatés par moi le jour même, et j'affirme en mon âme et conscience qu'ils sont le résultat d'un miracle, toutes les données scientifiques ne pouvant expliquer une pareille chose. » Alfred Fontès est rentré au petit séminaire, où l'on ne s'attendait plus qu'à la nouvelle de sa mort.

§ 6. — Apparition à Samois, près de la forêt de Fontainebleau.

Déjà, de par le monde a couru le bruit des apparitions qui ont eu lieu dernièrement à Samois. Une presse hostile s'est emparée malencontreusement de ces faits, qu'elle n'explique que par l'imagination d'enfants qui, dit-elle, ont cru voir et n'ont rien vu. L'auteur d'un de ces articles, d'un positivisme outré, a été jusqu'à dire que ces hallucinations pouvaient être comparées à un conte bleu qui prétend qu'un voyageur, surpris par les neiges, ayant attaché son cheval au faîte d'un clocher, l'animal aurait été retrouvé après la fonte des neiges, suspendu à la crête de l'édifice ! L'auteur d'un au-

---

généité dans toutes les apparitions pour bénir le Pontife Pie IX qui nous a proposé le dogme de l'Immaculée-Conception.

Un rapprochement pour les dates des apparitions : c'est le 18 février que le jeune Wallet est guéri ; c'est le 18 février que commence la période des quinze jours consécutifs des apparitions à Bernadette à Lourdes, et c'est le 25 mars qu'elles se terminent, huit jours après la guérison du jeune Fontès.

tre article moins badin, mais plus méchant, aurait trouvé dans ces récits fabuleux, selon lui, le moyen odieux d'une opération mercantile de la part des sœurs dirigeant l'établissement de l'hospice de Samois ! (Même journal le *Travail*, n° du 20 juillet.) Quelles apparences ! Et pourtant ce persiflage honteux devra cesser pour faire place à une observation sérieuse sur des faits qui, d'après le témoignage de personnes graves et peu disposées à croire à des miracles sans preuves, nous ont affirmé qu'elles demeuraient convaincues par le récit des enfants de Samois.

L'Eglise cependant, dans la maturité et les lenteurs de ces décisions, n'a pas encore jugé à propos de porter son jugement sur ces faits merveilleux. Mais il ne faut pas que l'esprit du mal, à cause même de l'esprit du bien, tourne en ridicule avec un rire sardonique des faits affirmés par la bouche unanime de vingt-cinq enfants, qui certes ne se sont pas concertées pour donner un récit concordant au fond sur ce que chacune d'elles a vu. C'est ce qui résulte d'un examen attentif et à part de chacune des enfants et contradictoirement sur les faits d'apparition par elles allégués. Ce que l'une affirme avec conviction, l'autre le raconte aussi imperturbablement avec des nuances de circonstances qui ne nuisent pas à l'ensemble du récit, et les différents tableaux qui ont passé sous leurs yeux, formant les premier, second, troisième, quatrième, cinquième et sixième plans d'une même perspective, ont à chacune des positions des divers personnages qui la composent, une concordance remarquable, soit pour le récit des spectateurs si admirablement favorisés, soit pour les détails, la coloration, les décorations et le fini de ce magnifique spectacle.

A Dieu ne plaise que nous prévenions le jugement de l'autorité diocésaine, à qui seule, d'après le décret d'Urbain VIII, appartient la décision sur la foi surnaturelle à ajouter à de semblables merveilles. Mais, pour faire cesser le scandale des langues mensongères, d'une outrecuidance intempestive, pour ne pas dire plus, nous devons à notre conscience de dire en plein air et comme sur les toits le résultat de nos investigations personnelles sur ces faits merveilleux. Il est même urgent de bien saisir, en les analysant succinctement, les six phases pleines de mystères de ces apparitions de Samois, afin que la multiplicité du témoignage de vingt-cinq enfants qui ont vu ne nuise point à l'unanimité de leur assertion sur des faits qui au fond ont un rapport remarquable.

Nous allons d'abord exposer la splendide galerie des six tableaux qui ont frappé les regards des enfants, et nous ajouterons quelques réflexions sur la signification qu'on pourrait leur donner ; car, puisque, raisonnablement parlant, ces récits ont toute l'apparence de la véracité, à cause de l'ingénuité, de la simplicité et de l'innocence des jeunes témoins, il est logique d'en tirer la conclusion pratique qu'il y a un but dans ces manifestations célestes, un avertissement dont nous devons faire profit.

Nous saisirons en même temps les rapports qu'il peut y avoir entre l'Apparition de Samois et celles qui précèdent. Et nous remarquerons en passant que notre bonne Mère se rapproche de nous et semble chercher une retraite sur les confins de la vaste forêt de Fontainebleau. D'où partira le puissant secours qui doit faire triompher l'Eglise ? Là où Pie VII a trouvé l'exil, là doit aussi, ce semble, se rencontrer la bénédiction et le salut. La France, dont l'élan religieux se réveille, comme au temps des croisades, serait-elle encore appelée à jouer son rôle de fille aînée de l'Eglise dans ce très-chrétien royaume : *Gesta Dei per Francos ?*

Ecoutons :

C'est à l'est, du côté de l'Alsace, sur les hauteurs d'un des plus magnifiques vallons de la Seine, à Samois, que le 15 mai 1873, neuf jours avant que fût élu le maréchal de Mac-Mahon, le lendemain de la confirmation des enfants, la sœur Rousselle, de la congrégation des Dames de la Providence d'Evreux, faisant la classe à 43 élèves dans la salle, a recueilli la première les vives émotions de 25 enfants de différents âges sur les apparitions dont elles ont été favorisées de midi moins un quart à une heure et demie.

La classe se compose de 54 enfants ; mais à ce moment elles n'étaient que 43 dans la salle. Tout à coup, pendant que la sœur Rousselle donne une leçon de géographie sur des atlas, quoiqu'elle ait à sa gauche un globe terrestre, qu'elle explique la manière de *s'orienter* et demande ce que c'est qu'une île, l'Islande, par exemple, les jeunes élèves, même parmi les plus sages, commencent à chuchoter. La sœur les rappelle d'abord à l'ordre. Deux enfants, l'une, la tante, par devant, l'autre, la nièce, en arrière, mais plus près de la fenêtre à gauche élevée beaucoup au-dessus du plancher de la classe, sont les premières à voir dans l'embrasure de la fenêtre fermée presque par un rideau, le magnifique spectacle de la sainte Vierge. La tante essayait même de sortir les pieds du banc pour se retourner et mieux voir l'Apparition. « Que faites-vous ? » dit la sœur — « Je vois une dame, » répond l'enfant. — « Oui, dit alors la maîtresse, croyant que l'enfant voulait parler de la Madone qui est au fond de la classe à sa droite, oui, quand on veut s'amuser on trouve toujours des prétextes. » Et la petite nièce disait à voix basse à sa tante : « Oh ! qu'elle est belle ! » D'autres voyaient aussi l'Apparition ; et d'un autre côté la plus grande des élèves donne par son ascendant l'exemple pour suivre l'attrait puissant qui la portait vers la fenêtre où avait lieu l'Apparition, et toutes celles qui voyaient de s'approcher aussi, de tirer le rideau, quoique cela fût inutile. La sœur Rouselle, qui ne voit rien, court avertir M. le curé. Le jardinier arrive sur ces entrefaites, il ouvre la fenêtre, qu'il referme bien vite quand M. le curé se présente. Le pasteur, voyant l'enthousiasme des enfants, rouvre lui-même la fenêtre, sans rien voir, et jouit néanmoins du spectacle ravissant de toutes ces petites extatiques.

PREMIER TABLEAU.

La fuite en Egypte.

Au fond du tableau se trouvait une croix, et par devant la sainte Vierge était montée sur âne gris et blanc, tenant aux trois quarts l'enfant Jésus sur son bras gauche, et paraissait se diriger du midi au nord ; un vieillard l'accompagnait, sans doute saint Joseph.

5

DEUXIÈME TABLEAU.

Les cinq croix.

A la croix qui formait le dernier plan du premier tableau, et derrière laquelle était un cruxifix, dont le Christ couleur de cuivre jaune était attaché sur une petite croix noire, vinrent s'ajouter quatre autres croix sur la même ligne, lorsque la fuite en Egypte eut disparu. La croix du milieu était toute flamboyante, et du pied sortaient en tourbillon des feux souterrains.

TROISIÈME TABLEAU.

La Mater dolorosa (1).

Ensuite, devant une croix apparaissait à genoux, en suppliante, une *Mater dolorosa* ; deux Anges, d'autres disent un Ange, touchaient légèrement son voile de chaque côté ; et le voile et la robe dans leurs plis et replis avaient une magnifique ampleur. La croix, sans Christ, avait sur le croisillon du haut l'inscription : *Inry* par *y ;* chacune des quatre lettres disparaissait l'une après l'autre, comme enlevée par une colombe, quatre colombes.

QUATRIÈME TABLEAU.

Un tombeau blanc (2).

Puis une seule jeune fille vit un tombeau blanc surmonté d'une croix ; d'autres personnes prétendent que la jeune enfant a parlé d'un

---

(1) C'est d'abord la *Mater dolorosa*, comme à Pontmain et à Franckembourg.
(2) C'est un suaire à Pontmain ; ici, c'est un tombeau.

globe terrestre blanc surmonté d'une croix ; mais l'affirmation de l'enfant est qu'elle a vu des pierres de taille blanches posées l'une sur l'autre comme un monument, et les conversations familières avec ses compagnes désignent bien un véritable tombeau.

CINQUIÈME TABLEAU.

L'*Assomption de Marie*.

Les enfants étant sorties dans le jardin virent dehors, au-dessus d'un prunier, vis-à-vis de la Vierge où avait eu lieu l'Apparition, la Vierge avec une couronne d'or sur la tête ; elle tenait l'enfant Jésus dans ses mains. Sur la main droite, l'enfant Jésus était assis, et, à distance proportionnée, les pieds de l'enfant Jésus reposaient sur la main gauche. Soudain, l'enfant Jésus disparaît et permet à peine de voir, sous les plis de la robe, la ceinture blanche de la sainte Vierge, dont le nœud sur la gauche laissait retomber deux franges, l'une aux genoux et l'autre aux talons, et quatre rosettes bleues sur le nœud de la ceinture à gauche donnaient à l'Apparition une grâce parfaite. Puis, la sainte Vierge joint ses deux mains devant elle tenant un livre blanc de première communiante ; et, à un moment donné, sa main *gauche* se détache pour laisser voir dans la paume un objet rond qu'elle soulève comme un secours ; on croit que c'est la sainte Hostie.

A côté de la Mère de Dieu scintillaient des étoiles en grand mouvement de bas en haut et de haut en bas (1). Puis les mains de la Vierge retombaient vers la terre avec les rayons dans l'attitude de l'Immaculée-Conception (2). Alors, l'Apparition quitte le prunier, dont les feuilles paraissaient tout en or, et se retire en s'éloignant à droite dans les rayons solaires au milieu du jardin, c'est-à-

---

(1) La révolution des astres est ici annoncée comme dans les précédentes apparitions (p. 22).

(2) C'est encore, comme ailleurs, l'Immaculée-Conception.

dire par rapport à l'heure marquée par le soleil (1), à une heure et demie, dans la direction de la croix de Saint-Hérem, rendez-vous de Pie VII et de Napoléon Ier.

SIXIÈME ET DERNIER TABLEAU.

Le Calice et la sainte Hostie.

Plusieurs enfants ont vu le Calice en argent, l'intérieur de la coupe en vermeil. Le Calice était légèrement penché de 23° environ et se balançait sans effusion du précieux Sang, tandis qu'une grande Hostie blanche, sur laquelle est empreinte en relief une croix comme un velouté blanc, plane agitée, et s'élève au-dessus du Calice sans quitter vers les cieux la ligne perpendiculaire. Et au-dessus de la grande Hostie était une autre petite Hostie surmontée d'une croix.

Voilà ce qui résulte sommairement de l'interrogation et de la déclaration des enfants. Toutes, ainsi que nous l'avons dit, n'ont pas vu la même chose, mais presque toutes ont vu la sainte Vierge et les croix, soit à l'intérieur de la classe, soit en dehors de l'établissement vers le prunier où s'étaient passées les premières apparitions. Ce que l'une affirme avoir vu sans les autres détails énoncés par ses compagnes, elle le dit sans envie et sans préoccupation de ce qu'ont vu les autres.

Une petite de neuf ans, ayant mal aux yeux, ne pouvait fixer les objets lumineux ; mais l'Apparition, quelqu'éclatante qu'elle fût au point d'éblouir ses compagnes et les forcer à rabattre de leurs mains cette lumière, ne lui causait aucune douleur.

Un vieillard de Samois, qui ne peut marcher qu'avec des béquilles, semble avoir éprouvé du soulagement depuis qu'il a pu se traîner dans ces lieux bénis.

Nous apprenons qu'une des jeunes enfants qui disaient, contrairement aux autres, que l'Immaculée-Conception lui tendait les bras,

_____

(1) La retraite de la Vierge dans le soleil prouve encore ici la rénovation de la nature.

vient de mourir. C'était elle que la sainte Vierge appelait en l'attirant ainsi vers elle.

A notre dernier pélerinage à Samois, nous avons été frappé par le premier *ex-voto* attaché au mur près du prunier. C'est un hommage de reconnaissance de Mlle Caron de Vulaines, laquelle a été subitement guérie à Rome, tandis que l'on faisait pour elle une neuvaine à Notre-Dame-de-Samois. (Voir les numéros de l'*Univers* et de l'*Union*.)

INTERPRÉTATION.

Suite et ordre des Apparitions dans un aperçu général.

La fuite en Égypte dans la direction de Paris est la preuve qu'il faut fuir la persécution ; elle est suivie de l'apparition des cinq croix comme présage de grands malheurs. Il y a cinq croix pour représenter les cinq patriarcats : Rome, Jérusalem, Antioche, Constantinople et Alexandrie, dont le rétablissement serait précédé de la commotion plus formidable du patriarcat de Rome. De là les pleurs et les supplications de la *Mater dolorosa* accompagnée des Anges, pleurs, supplications qui s'arrêtent sur la vue particulière et solitaire d'un tombeau. Après cette compassion de la Mère de Dieu sur ces malheurs publics et privés, on voit l'Assomption de Marie Immaculée pour figurer le triomphe de l'Église qui se produit manifestement à l'univers par un miracle éclatant dans les cieux. C'est ce prodige que laisse entrevoir, comme à Pontmain, par les *étoiles du temps*, l'agitation de bas en haut et de haut en bas des astres du firmament autour de la Reine du ciel (p. 22). Et Marie affirme ce triomphe à l'endroit même où, à la croix de Saint-Hérem et à Fontainebleau (p. 122), a pris fin la persécution de la première révolution. Alors, comme confirmation, apparaît un Calice penché (p. 78), signe trop sensible d'une nouvelle persécution contre le clergé, laquelle n'entraînera pas la privation complète de la communion pour le simple fidèle opprimé. Cette oppression est marquée par la croix en relief sur la sainte Hostie placée perpendiculairement au-dessus du Calice incliné ; car la religion trouvéra dans les derniers de ses membres un secours aussi puissant qu'inattendu, qui redressera les autels et rétablira les pierres du sanctuaire que la fuite en Égypte aura dispersées. Et, si le coup qui va très-prochainement être porté à la religion est terrible, immédiatement et sans intervalle, le contre-coup en sa faveur se fera sentir d'une manière épouvantable à l'impie. *De ses trois doigts Dieu soutient l'univers* (Isaïe, 40, 12). *Il saisit les quatre coins de la terre et la secoue pour la purger des impies. Il va la façonner, comme le potier l'argile, et la changer comme un vêtement* (Job, 38, 13, 14).

DÉTAILS.

PREMIER TABLEAU.

La fuite en Égypte.

D'abord, une croix, un douloureux mystère, qui place pour ainsi dire la croix avant la crèche, afin de montrer la fuite en Égypte sous l'apparence d'un emblême. Oui, cette fuite en Égypte est emblématique, afin que les prêtres, dans l'espérance d'un très-prompt secours, évitent la tourmente révolutionnaire pour reparaître au premier appel, à moins que leur conscience éclairée ne leur impose le devoir de donner leur vie pour leurs brebis. L'âne gris et blanc est aussi le signe de l'affliction ; et l'enfant Jésus, aperçu aux trois quarts sur le bras gauche de sa Mère, indique que la fureur d'Hérode sera déjouée aux trois quarts en faveur du clergé. La direction vers Paris, le centre du bien et du mal, où le mal l'emporte momentanément sur le bien, prouve que le secours sera là même où l'attaque principale aura lieu ; on peut même dire dès à présent : le secours est là même où l'attaque principale a lieu. Un nouveau saint Joseph sera là avec son glorieux patron, si fort honoré de nos jours, pour protéger la sainte famille.

DEUXIÈME TABLEAU.

Les cinq croix.

Oui, le patriarcat de Rome va souffrir plus qu'aucun des quatre autres. L'Europe, agitée par les révolutions, ne montre déjà que trop les blessures que lui fait une révolte insensée. Insensée ! au pied de cette croix principale, des feux souterrains s'élancent et bouillonnent tout à l'entour pour laisser subsister le signe du salut au milieu même des flammes vengeresses. Oui, du sein même de la terre, comme aussi des hauteurs du ciel, partent des lueurs sinistres qui consument et brûlent les cités.

TROISIÈME TABLEAU.

La Mater dolorosa.

La croix apparaît noire aux enfants, à quelques-unes avec des rayons, mais toutes disent que devant la croix est la *Mater dolorosa* à genoux et en suppliante. Les malheurs qui accablent le monde lui font prendre cette attitude, quoique ses vêtements et son voile blancs soient gonflés comme par le souffle de l'inspiration divine. Aussi deux Anges touchent légèrement le voile de la Reine du ciel et lui forment cortége. Mais le principal secours est tracé sur l'inscription au sommet de la croix : *Jesus Nazarenus Rex Judæorum : Inry* avec un *y*, d'où s'est formé le nom *Inricus* (1) Henri ; et l'*y* est un signe pour marquer l'origine du nom Henri formé du titre de la croix. Nous dirons avec la sybille d'Erythrée que l'*y* est le nom

(1) Dans le mot *Inricus* on a supprimé le *c* et l's, et il est resté *Inriu*, de là *Inry*, l'aspiration venant ensuite par la lettre *H* au commencement du nom Hinry : on a francisé en changeant le premier i en e : *Henry*. (Voir p. 28, à Pontmain, le nom Jésus-Christ.)

de celui qui doit protéger l'Eglise : *Cujus nomen Y*, et nous ajouterons que « celui qui porte ce nom, d'après la même Sybille, doit paraître à l'âge de 54 ans 9 mois 15 jours, le 15 juillet 1875, jour de sa fête, lorsqu'auront cessé les malheurs en même temps que les sarcasmes et les moqueries ! »

Mais reportons nos yeux sur les quatre colombes qui soulèvent chacune à son tour une des quatre lettres du nom *Inry* en s'envolant au ciel, pour marquer le terme de notre espérance qui s'étend jusqu'à l'empyrée !

QUATRIÈME TABLEAU.

Un tombeau blanc.

Le tombeau blanc surmonté d'une croix est l'indice très-marqué de la mcrt chrétienne de la personne qui succombe. Et la *Mater dolorosa* paraît aussi affligée de cette mort, puisque ces impressions se mêlent aux malheurs publics et aux malheurs privés, comme antécédent et conséquent à cette Mère de douleur. Quelle est cette personne qui meurt? La suite le fera connaître (p. 61).

CINQUIÈME TABLEAU.

L'Assomption.

La puissance de la Vierge est manifeste par la position même de l'enfant Jésus sur ses mains. L'Enfant-Dieu siége sur les mains de Marie comme sur un trône, de même que l'Eglise indéfectible est assise sur les promesses de l'Homme-Dieu; c'est un trône de grâce et de miséricorde que Jésus prend sur la tou'e-puissance suppliante de la Mère couronnée S'il disparaît de dessus ses mains, c'est pour laisser apercevoir la pureté virginale de sa sainte Mère (p. 90) figurée par la ceinture blanche à trois franges sur le côté *gauche ;*

celle du nœud, celle des genoux et celle des talons, le nœud par quatre rosettes bleues sur le même côté *gauche*. La ceinture par le
nœud et les deux franges est l'emblême du mariage qui produit sur
les quatre rosettes bleues auprès du cœur l'amour filial, l'amour
maternel de la hanche aux genoux, et l'amour conjugal aux talons.
Car Marie est fille du Père tout-puissant, mère du Fils, épouse du
Saint-Esprit. Et c'est ainsi que tout est sanctifié et rectifié dans
l'homme par les trois amours légitimes, en sorte que Marie précède
Elie pour rétablir la famille dispersée par l'individualisme, en con-
vertissant déjà par l'union conjugale le cœur du père à son enfant
et le cœur du fils au cœur de son père (p. 9).

Puis Marie joint ses mains devant cette merveilleuse ceinture
pour laisser apercevoir un livre blanc. Qui pourra nous dire quel est
ce livre qui va resserrer ainsi de nouveau les liens de famille ? C'est
le livre de l'Eucharistie à la première communion, le livre de l'amour
divin, que paraît tenir en sa main droite la Vierge immaculée ; car
ses mains redescendent aussitôt vers la terre avec les lumières que
de précédentes médailles lui supposent ; alors des étoiles l'entourent,
vont et viennent de bas en haut et de haut en bas pour signifier la
rectification de l'univers (p. 22). Voilà le livre. Mais presqu'aussitôt la
Vierge quitte le prunier et s'éloigne encore pour se perdre au milieu
du jardin dans les rayons solaires d'où elle était sortie dans l'Apparition en Alsace ( ), c'est-à-dire à l'heure qu'il était, vers le sud-sud-
est, et, comme nous l'avons déjà dit, du côté de Fontainebleau,
du côté de la croix de Saint-Hérem (1).

---

(1) Saint Hérem, d'après ce que nous en avons dit dans le livre intitulé le *Mois
du Sacré-Cœur préparé par le mois de Marie*, n'est autre que saint Cloud, petit-
fils de Clovis, qui échappa à la fureur de ses oncles Clotaire et Childebert. Il se
mit sous la conduite d'un autre solitaire, saint Séverin, sous le vocable duquel
est l'église de Saint-Séverin à Paris. Obligé de fuir dans les forêts, nous croyons
qu'il vint se réfugier auprès du *Déluge*, dans la forêt de Fontainebleau, à la croix
de Saint-Hérem, le trop célèbre rendez-vous de Pie VII et de Napoléon Ier, qui se
fit dès ce moment le geôlier du pape, en l'incarcérant au château de Fontainebleau,
sur la cour des *Adieux*. Saint Hérem, cet ermite dont la réputation de sainteté
pouvait attirer l'attention de ses oncles, fut obligé de chercher au loin une retraite
encore plus obscure ; il parvint, avec saint Séverin, jusqu'à Génouilhac, en Péri-

Ainsi, Clovis se retrouve dans nos parages par son petit-fils Saint-Cloud, comme il se voit en Alsace sur les ruines du chateau de Franckembourg.

SIXIÈME ET DERNIER TABLEAU.

Le Calice et la sainte Hostie.

Le Calice incliné est le signe d'un grand malheur ou d'une grande profanation : les impies, en fermant les églises, pourront commettre des sacriléges. Mais la sainte Hostie, quoique agitée, s'élève et s'élève toujours perpendiculairement vers les cieux. Et sa position verticale au-dessus du Calice incliné console et rassure tout à la fois. Si le clergé est contraint d'éviter la persécution , cette épreuve momentanée fera surgir parmi les pieux laïcs et même les pécheurs convertis des vocations nombreuses pour réparer les brèches que l'incrédulité de nos jours aura faites à la citadelle de l'Eglise et reconstituer le monde catholique, c'est-à-dire de toutes les nations de l'univers sur ses bases inébranlables. C'est pourquoi la sainte Hostie apparaît toujours perpendiculaire sur son plan, quoiqu'elle soit agitée au-dessus du Calice incliné; et l'Hostie, où est imprimée la croix en relief, nous donne les marques de l'épreuve couronnée dans les cieux.

---

gord, et, dirigé par des colombes qui s'abattirent à Terrasson, *Terrâ sunt*, il passa sa vie dans les grottes dites de *Saint-Sour*, *Sorus*, qui signifie *solitaire* (Voir le P. Dupuy, *Estat de l'Eglise du Périgord*, I, p 160 ; Dom Claudius Estiennot : *Antiquitates benedict. Diæc. Petroc.*, p. 99 ; le P. Bonaventure, *Annales du Limousin*, p 188 ; *Vie de saint Sour*, par M. Pergot, curé de Terrasson, 1857, p. 56). L'obscurité qui règne sur l'histoire des saints dont on honore collectivement les reliques dans la cathédrale de Saint-Front, à Périgueux. savoir : saint Front, saint Frontais, saint Silain, saint Séverin, saint Séverien, nous fait soupçonner, à cause de l'analogie des noms, que saint Frontais est le même que saint Georges, compagnon de saint Front, *Frontasius*, comme étant son disciple, ayant été ressuscité par lui ; de même saint Hérem, de la forêt de Fontainebleau , aurait caché son identité sous le nom de saint Silain, *Silanus*, et encore sous le nom Séverien, *Severianus*, comme étant le compagnon et le disciple de saint Séverin (p. 116, 134).

Mais comment se produira l'éclatant prodige que la Vierge immaculée nous annonce? Les enfants interrogées ont tracé sur le tableau l'inclinaison du Calice, comme étant environ de 23°. Or, la rectification de l'univers antédiluvien prédite dans les psaumes (p. 30) est expressément annoncée par cette inclinaison du Calice au-dessus de l'Hostie droite et perpendiculaire.

Le juste le verra et sera dans l'allégresse, tandis que l'iniquité se fermera la bouche. Quel est le sage qui gardera la mémoire de ces choses, et qui comprendra les miséricordes du Seigneur? (Ps. 106, 42, 43 ; *Retour des juifs*, p. 155).

Nouvelle relation de l'Apparition de Samois

Sur le rapport, de tous le plus circonstancié, de la petite Amélie, qui la première a vu le miracle.

Réponse à une des sœurs de Samois :

Ma vénérée sœur,

L'importance que j'attache et que toute personne sincèrement religieuse doit donner à l'Apparition de Samois m'oblige à vous consulter sur la relation que j'ai faite du récit de la petite Amélie. Aussi je vous envoie la copie, afin que si, ma relation pèche en quelque point, vous puissiez la rectifier dans la vérité.

De même que j'ai dû combattre dans mon premier aperçu l'incrédulité des personnes hostiles, de même je ne puis laisser sans réponse une interprétation qui, à mon avis, décolore l'Apparition et en diminue la portée. Sans faire de la polémique à l'égard de personnes amies, j'ai l'intention de me servir du récit de la première voyante, pour reproduire, sous une autre forme, la relation du miracle, puisque l'on ne peut plus se procurer d'exemplaires de l'*Echo de Rome*, qui l'a publiée. D'ailleurs, il est bon de remettre sous les yeux le glorieux témoignage d'une enfant qui a vu, afin que le reflet de cette gloire céleste illumine davantage toute la chrétienté,

1er TABLEAU.

La fuite en Egypte.

« Je voyais d'abord, dit l'enfant, dans un des carreaux de la fenêtre, en classe, la sainte Vierge, de petite stature, assise sur un âne
gris blanc dirigé vers le nord. La sainte Vierge, en voile blanc qui
enveloppait presque l'enfant nouveau-né, tenait l'enfant Jésus sur
ses mains ; sur la main droite l'enfant était assis ; et de la main
gauche la mère soutenait les pieds de Jésus. En arrière, j'apercevais
comme une ombre. »

2e ET 3e TABLEAUX.

Les croix et la Mater dolorosa.

« Tout à coup, après la première Apparition, je vis, à petite distance de la fenêtre, une grande croix de grandeur ordinaire, et tout
à fait derrière cette croix, mes yeux placés de côté pouvaient apercevoir à cinq mètres environ une autre petite croix noire, sur laquelle était, sans lumière, un petit Christ couleur de cuivre jaune. »
« Derrière la grande croix, aux trois quarts, sur laquelle était le
suaire, tel qu'il est ordinairement représenté déposé sur les bras de
la croix, était la sainte Vierge, cette fois de grandeur naturelle,
tristement agenouillée sur un nuage lumineux ; et de chaque côté
d'elle apparaissaient deux Anges prosternés devant la croix et qui
touchaient légèrement son voile. »
« Puis je vis sur le haut de la grande croix l'inscription *Inry*, dont
quatre colombes soulevaient l'une après l'autre les quatre
lettres. »

4ᵉ TABLEAU.

L'Assomption.

« Alors je montai sur un banc de la classe, et je vis de la fenêtre, au-dessus d'un prunier, la divine Marie sur un nuage lumineux,
entourée d'étoiles en mouvement, ayant sur son voile un diadème
de pierreries. Cette couronne s'élevait grossissant au-dessus du front,
et, diminuant proportionnellement, était attachée par derrière. » (1)

« Je suis passée ensuite avec mes compagnes, sur les ordres de M.
le curé, dans le jardin, où la sainte Vierge, cette fois de grandeur
naturelle, tenait l'enfant Jésus de la même manière qu'il est dit au
premier tableau. » (2)

« Puis l'enfant disparaissait de dessus ses mains, et je voyais sa
ceinture blanche presque cachée sous l'ampleur de sa robe blanche.
Le nœud de cette ceinture se faisait sur le côté *gauche* par quatre
rosettes bleues. Et l'un des rubans blancs, portant des deux rosettes
bleues, se prolongeait jusque sur la hanche *gauche;* où la frange
éclatait en rubis, tandis que l'autre ruban blanc, partant des deux
autres rosettes bleues, descendait jusqu'au talon, où la frange scin-
tillait de mille pierreries. Les mains de la sainte Vierge s'étaient
modérément abaissées à la hauteur de la ceinture, en s'écartant de
chaque côté, et de ses doigts s'échappaient des rayons. » (D'autres
enfants ont vu pendant plus d'une heure la sainte Vierge en première communiante, ayant en dessus les mains jointes, la *gauche* sur
la droite, avec un livre blanc (3). Puis elle disparut vers le sud-
ouest dans le soleil.)

(La petite Amélie n'a pas vu le 5ᵉ tableau, le tombeau.)

---

(1) Cette couronne ressemble à celle qu'on a vue à Pontmain.
(2) La sainte Vierge, aperçue d'abord dans l'encadrement de la fenêtre, est vue
ensuite de grandeur naturelle, pour affirmer encore ici le rétablissement de l'ancien monde (p. 22).
(3) La position de la main gauche sur la main droite confirme tout ce que nous
avons dit (p. 28) sur la main stigmatisée de Marie Latau.

6ᵉ TABLEAU.

Le Calice et les Hosties.

« J'aperçus enfin un Calice penché de droite à gauche vers le nord, et cette inclinaison variait selon l'agitation de la coupe. Au-dessus se trouvait une grande Hostie dans le sens perpendiculaire, et au-dessus de cette grande Hostie était une petite Hostie surmontée d'une petite croix. »

(D'autres enfants ont vu plusieurs autres petites Hosties autour de la grande.)

1ᵉʳ TABLEAU.

La fuite en Egypte.

Si la fuite en Egypte est représentée dans un petit cadre, c'est pour démontrer que le Seigneur Jésus est arrivé dans un monde postérieur au monde antédiluvien, où les hommes et les animaux avaient des proportions de géant. *Gigantes non resurgant* (Isaïe, 26, 14). Mais pour le règne et le triomphe de l'Eglise, après que les hommes auront changé le rôle de persécuteurs en celui de fils soumis, la rénovation physique et naturelle du monde antédiluvien fera croire aux prodiges de la Bible, et changera en mieux toutes choses au milieu des prospérités du Carmel et du Saron.

La position de l'enfant Jésus sur les mains de sa mère démontre la force de cette *toute puissance suppliante*, pour protéger le peuple de Dieu dans sa fuite en Egypte, afin d'éviter la persécution d'un nouvel Hérode, que disons-nous, d'une multitude d'Hérodes, qui voudront faire périr l'enfant. L'ombre blanche est le secours d'un nouveau Joseph ignoré, inattendu, dont les formes candides ne sont point encore délinées.

2ᵉ ET 3ᵉ TABLEAU.

Les croix et la Mater dolorosa.

Voilà bien encore représentés les deux états du monde après le déluge et pour les temps rapprochés du triomphe de l'Eglise. La grande croix noire figure le chaos de cette rénovation physique, laquelle ne se fera pas sans de grandes terreurs : *in terris pressura gentium præ confusione sonitûs maris et fluctuum. Les nations seront sur la terre saisies de frayeur à cause du bruit confus de la mer et des flots,* lorsque les continents vont se rejoindre au milieu d'épouvantables cyclones.

En arrière de cette grande croix noire se trouve une petit crucifix noir, pour montrer l'humilité de la prière dans les pénibles moments qui précèderont le chaos, afin d'attirer sur la terre par Jésus crucifié la divine Miséricorde ; car, si les hommes sèchent de frayeur à la vue du CATACLYSME, il est à croire que le plus grand nombre se convertiront, quand même ils en seraient les victimes.

Le suaire indique le sacrifice de la croix consommé, comme aussi le saint sacrifice de la messe par représentation du sacrifice de la croix achevé ; et la Mère de douleurs, dont le voile est tenu par les Anges, se trouve consolée et fortifiée, comme l'Eglise, à la vue des bienfaits résultant pour le monde de l'immolation de son Fils au saint sacrifice de la messe.

4ᵉ TABLEAU.

L'Assomption.

Aussi la divine Marie apparaît-elle de grandeur naturelle à un monde nouveau, au milieu des étoiles qui semblent lui faire cortége, et son règne est manifeste par cette couronne élevée sur son front comme une puissance redoutable à l'ennemi du genre humain et à ses infâmes suppôts. Elle règne aussi par son Fils de grandeur naturelle sur ce monde nouveau, et elle le présente à l'adoration de tous les peuples convertis.

Alors le Fils de Dieu disparaît, ayant atteint son but de faire régner sa Mère à la fin ; car il est écrit en parlant du serpent : *Tu insidiaberis calcaneo ejus.* — *Tu essayeras de la mordre au talon.* C'est ce que le démon prétend faire de nos jours en assaillant l'Eglise sur le déclin des temps, et Marie, qui est la Mère de l'Eglise et qui la représente, terrasse le serpent infernal.

Mais, si l'enfant Jésus semble disparaître, c'est pour montrer la ceinture virginale de Marie, dont il faut recueillir les diverses positions. Cette ceinture apparaît sur le côté *gauche* de la sainte Vierge, et c'est ainsi qu'elle s'est communiquée déjà puissamment. Cette ceinture blanche, comme cachée sous l'ampleur de la robe blanche, est nouée par quatre rosettes bleues, couleur employée au baptême de l'enfant mâle ; et cette couleur marque aussi les bénédictions d'un mariage, que l'épouse de saint Joseph répand par son Fils ; et les quatre rosettes indiquent assez les quatre fruits bénis de cette union mystérieuse.

Mais les deux pans de la ceinture couleur blanche sont l'image de deux états plus parfaits : l'état mixte des prêtres figuré par le pan qui descend sur la hanche pour marquer les rapports de paternité pour les prêtres à l'égard des fidèles qui leur sont confiés, et l'état contemplatif des religieux qui sont plus astreints à l'obéissance pour établir les rapports de filiation à l'égard du souverain Pontife.

En même temps, la frange scintillante, qui descend des nœuds sur la hanche *gauche*, est l'image du père au fils ; et la frange scintillante qui descend des nœuds sur le talon *gauche*, tout en proclamant la victoire à la fin de Marie sur Satan, montre l'amour du fils à l'égard de son père, en se plaçant plus bas que lui et à l'endroit qui lui convient dans sa soumission. Et c'est ainsi que Marie réconcilie par le mariage le cœur du père à son enfant, et qu'elle ramène l'enfant à l'amour de son père.

Or, cette rénovation physique et cette régénération morale vient de l'Immaculée-Conception, puisque la sainte Vierge apparaît en dernier lieu avec des rayons, telle qu'elle est représentée dans la médaille miraculeuse, pour aller se perdre dans le soleil vers la croix de Saint-Hérem, où doit cesser la captivité trop prolongée des papes par l'affirmation antérieurement faite d'un nouveau miracle dans les cieux. Marie est sortie du soleil. (Apparition en Alsace, p. 49. 24 en note.) Elle y revient ici.

6e TABLEAU.

Le Calice et les saintes Hosties du prêtre et du fidèle.

L'explication que nous avons déjà faite du Calice de la sainte Hostie se confirme par les détails que donne la petite Amélie. Le Calice penché s'agite en se relevant et en s'abaissant suivant l'inclinaison déjà remarquée pour annoncer la persécution qui doit sévir contre le clergé. Mais cette persécution ne peut déranger la grande Hostie du saint sacrifice de la messe, laquelle Hostie reste perpendiculaire, malgré l'inclinaison du Calice, aussi bien que la petite Hostie surmontée d'une croix, qui est donnée comme signe de la constance du fidèle pour la sainte communion, au milieu des croix de la persécution.

§ 7. — Apparition de l'Ostensoir à Larche (Corrèze)

(p. 81 du Mois du Sacré-Cœur.)

Larche est une petite ville à l'extrême frontière du département de la Corrèze, et non loin de Terrasson, département de la Dordogne, où est honoré saint Sour (p. 116-123). M. le curé de cette paroisse, prêtre pieux et zélé, a l'habitude de donner le salut tous les jeudis soirs. Dans le mois de septembre 1871, lorsqu'il venait de replacer l'Ostensoir sur l'autel, il remarqua que la sainte Hostie paraissait d'un rouge enflammé, et une image blanche se montrait au milieu. Tout ému et craignant de se tromper, il demanda à son marguiller de regarder et de lui dire ce qu'il voyait. Celui-ci dit en se prosternant que la sainte Hostie était toute rouge. Le prêtre la renferma et la consuma le lendemain à la messe. Mais le marguiller ayant parlé de cette merveille, un certain nombre de personnes vinrent à la bénédiction suivante, et le miracle se reproduisit. Alors le curé, voyant l'émotion qui se répandait dans l'église, annonça ce qu'il avait vu la première fois, et fit approcher plusieurs personnes, pour s'assurer du fait extraordinaire, qui fut parfaitement constaté; car on éloigna les lumières, puis on les rapprocha pour se convaincre qu'il n'y avait là aucun effet d'optique. Enfin, le troisième jeudi fut encore favorisé de l'apparition, et l'on fit entrer tous les ouvriers qui revenaient de leur travail pour en être les témoins. On a dû écrire à l'Ordinaire, mais nous ne savons quelle suite il donnera à cet événement.

Nous remarquons que le premier jeudi de septembre cette année 1871 est la fête de saint Cloud (p. 116-123), aux premières vêpres est le jour de la Nativité de la sainte Vierge; que le second jeudi est la fête de l'Exaltation de la sainte Croix; que le troisième jeudi 21 est la fête de saint Mathieu, et le quatrième jeudi se célèbrent les premières vêpres de saint Michel. Il est bien étonnant que la première apparition coïncide avec la fête de saint Cloud, cet Hérem, ermite, ce *Sorus*, solitaire, le même qu'on honore près de Larche, à Terrasson, le même qu'on honore à Périgueux sous le nom de saint Silain et de saint Sévérien. Les autres coïncidences avec les fêtes de la Nativité de la sainte Vierge, de l'Exaltation de la sainte Croix, de saint Mathieu, de saint Michel sont on ne peut plus rassurantes contre les terreurs que pourrait causer la couleur empourprée de la sainte Hostie.

§ 8. — CONCLUSION.

Il est démontré, conformément aux textes qui forment l'entête de cet opuscule, que la sainte Vierge est apparue depuis 1846 à des *enfants* en différentes contrées de la France. Voilà le FAIT avéré et reconnu comme authentique par les évêques des diocèses où ont eu lieu ces apparitions, du moins pour la Salette, Lourdes et Pontmain : *Ex ore infantium et lactentium perfecisti laudem.*

Mais ces apparitions, dont nous avons montré l'enchaînement autant par l'uniformité des détails que par la protection successive selon la gradation de nos malheurs, ces apparitions ont un BUT. La Vierge immaculée, la Reine du ciel et de la terre, la Toute-Puissance suppliante a voulu nous avertir du terrible CATACLYSME qui doit exterminer ou convertir l'impie : *Ut destruas inimicum et ultorem, quoniàm videbo cœlos tuos lunam et stellas quœ tu fundasti.* LES EFFETS : c'est le triomphe annoncé, c'est la gloire en particulier du souverain Pontificat pour faire plus que jamais ressortir la force indéfectible de l'Eglise : *Afin que je ramène à moi*, dit ce Pontife, *tous ceux qui vous craignent et qui connaissent vos révélations ineffables, et qu'ainsi mon cœur devienne ferme et inébranlable dans l'observation de vos saintes lois; et je ne serai point confondu.*

Oui, il demeure prouvé que nous touchons à un CATACLYSME :

1º Par l'Ecriture sainte ;

2º Par une raison de convenance théologique ;

3º Par les témoignages de sainte Hildegarde et de sœur Nativité ;

4º Par le résumé des nombreuses apparitions ici relatées ;

5º Par les observations astronomiques actuelles ;

6º Et cette preuve ne répugne pas à l'attente générale des peuples.

I. — *L'Ecriture sainte.*

Le texte de Joël est formel : le dernier feu qui consumera le monde et le purifiera par le nouveau ciel et la nouvelle terre sera précédé d'un autre feu qui doit aussi purifier la terre et rendre momentanément son séjour plus serein et plus fertile que jamais (Joël 3, 2).

Le psaume 64 parle, comme d'autres psaumes qu'il serait trop long d'énumérer ici, et de *la préparation des montagnes* pour la jonction des continents *par la force* du Très-Haut, *et de l'année de miséricorde, où seront réjouis le lever du matin et le lever du soir,* sans plus de distinction des deux années lunaire et solaire. Alors, suivant la Genèse, *la lune présidera toujours à la nuit.* Toujours, dit le psaume 84, *Luna perfecta, in æternum, pour l'affermissement du trône de David.*

Car *le soleil*, selon l'Ecclésiastique (33) ; *ayant seul changé son cours, et la lune étant restée invariable dans le sien,* les retards de la lune sont expliqués par onze jours de différence.

Ces heureux jours de rénovation physique sont annoncés dans l'Apocalypse par le *repas du soir* (Apoc., 3, 20 ; 19, 7), que doit préparer à la fin des temps à ses nombreux et fidèles disciples le tendre Ami du cénacle, *où il se ceindra pour les servir lui-même* (s. Luc, 12, 37).

II. — *Raison de convenance théologique.*

Qui est celui qui comprend aujourd'hui les textes de la Genèse pour la géogonie de Moïse ? Connaît-on les eaux supérieures au-dessus du firmament ? Les jours sont-ils des jours naturels ou des époques ? Les plantes et les arbres créés le troisième jour auraient-ils pu subsister pendant une longue période sans le soleil créé seulement le quatrième jour ? La lune préside-t-elle maintenant à la

nuit ? Sait-on pourquoi les animaux nés des eaux, tels que les oiseaux et les poissons, sont distingués au cinquième jour des animaux
nés de la terre créés au sixième ? Le grand prodige du CATACLYSME
révèlera toutes ces choses, justifiera contre les fausses inductions
tirées de l'expérimentation la parole souveraine du seul grand Docteur et du grand Maître, Jésus-Christ (s. Math. 32, 8). Il est d'ailleurs convenable que, avant le renouvellement du ciel et de la terre
à la fin, le Seigneur montre que tout avait été créé dans un ordre
parfait, que le péché seul a dérangé par les révolutions causées par
le déluge, les miracles de Josué et d'Ezéchias, et les nôtres dont on
ne croit pas être témoin.

III. — *Sainte Hildegarde et sœur Nativité.*

Sainte Hildegarde dit quelque part qu'il y aura un temps avant
la fin où le soleil sera plus élevé dans les hauteurs du firmament,
et dardera sur l'équateur des rayons plus brillants mais plus tem-
pérés, dans un ciel plus pur, en face de la lune toujours en son plein.
Mais à la dernière consommation les eaux supérieures se *dérouleront
comme un livre* de dessus un hémisphère, et se replieront en dessous de l'autre hémisphère pour former avec le centre de la terre le
puits de l'abîme dans différents degrés de tourments des réprou-
vés ; tandis qu'après la création de la nouvelle terre, purifiée, mais
non détruite, le nouveau ciel présentera toujours fixes sur l'hémisphère favorisé le soleil d'un côté, la lune de l'autre, aussi parsemées
les étoiles plus radieuses et brillantes en plein jour, laissant ainsi,
sans jalousie comme sans regret, les heureux habitants de cet hémisphère supérieur apercevoir dans cette transparence quelques re-
flets du ciel des cieux.

La sœur Nativité dit en parlant de la première régénération : « Les
hommes de ce temps-là s'écrieront dans leur enthousiasme : « Oh !
que la nature est belle ! mais c'est un véritable paradis terrestre, ce
sont les préludes du ciel ! »

IV. — *Résumé des nombreuses Apparitions ici relatées.*

A la Salette, la sainte Vierge fait ces brillantes promesses : « Si les hommes se convertissent, les pierres et les rochers se changeront en monceaux de blé, et les pommes de terre se trouveront naturellement ensemencées. »

A Lourdes, jaillit une source abondante et fertile en grâces de toutes sortes, tandis qu'ailleurs on voit les sources diminuer ou tarir et l'étiage des rivières s'abaisser.

A Pontmain, *les étoiles du temps,* non les étoiles de la vision, viennent se ranger sous les pieds de la Reine du ciel, pour exécuter au firmament un ordre plus harmonieux.

A Franckembourg, la Vierge part plusieurs fois du soleil comme pour renouveler sa splendeur, tandis que les étoiles, par des mouvements différents qui les ramènent à l'astre du jour, démontrent leur révolution pour un état beaucoup plus prospère.

A Samois, la Vierge encore rentre dans les rayons solaires comme pour annoncer des jours plus sereins (p. 60).

V. — *Les observations astronomiques actuelles.*

Les taches énormes dans le soleil, lesquelles se voient même à l'œil nu ; le nombre considérablement augmenté des planètes (on en est aujourd'hui à la 138ᵉ découverte) (1), les commotions lunaires, l'affaiblissement ou même la disparition de l'anneau de Saturne, la *variabilité de la planète Jupiter,* tout nous annonce un cataclysme.

---

(1) *Union* du 2 juin 1874.

VI. — *Cette preuve ne répugne pas à l'attente générale.*

Les peuples ont toujours espéré au retour de l'âge d'or, auquel semblent donner une démonstration, les zodiaques de Dendérah et d'Esnée.

Espérons donc ce fortuné retour, et croyons avec le savant Alphonse d'Aragon que « le système des cieux sera rendu plus simple, » après la disparition dans le soleil de toutes les planètes et comètes, pour rendre sa lumière plus vive dans une orbite plus élevée, lorsqu'il n'y aura plus que trois levers : celui du soleil, celui de la lune à son coucher, et celui des étoiles à un jour près.

Toutefois, ce ne sera là que le prélude de l'éternité.

Chantons donc, en terminant, le psaume 8 qui résume à lui seul toute notre pensée :

PARAPHRASE DU PSAUME 8e.

Seigneur notre Dieu, que votre nom est admirable par toute la terre ; car votre gloire éclate au-dessus des cieux *par le renouvellement de la nature annoncé par Marie à des enfants. Aussi* est-ce de la bouche des enfants et des petits à la mamelle que vous avez tiré la louange la plus parfaite au milieu de vos ennemis, pour exterminer l'impie persécuteur. Oui, je verrai les cieux, cette œuvre de votre Toute-Puissance, *s'agiter et se reproduire dans l'ordre primitif et plus simple de la création et se coordonner, selon les affirmations de la Genèse,* la lune et les étoiles que vous avez créées... pour présider à la nuit.

Qui est donc l'homme pour vous le rappeler, *en faisant éclater sur lui tous ces prodiges,* ou le fils de l'homme *dans la suite des générations* pour venir le visiter ? Vous l'avez humilié *votre Verbe incarné* au-dessous des anges ; et voilà que vous le couronnez et de gloire et d'honneur. Vous le constituez, *en la personne de son Vicaire, de son représentant sur la terre; en la personne du Pontife saint, qui fera comme Josué, comme Isaïe, des signes dans le ciel,* vous l'établissez le maître de la nature. Vous assujettissez tout à son empire, et les brebis et les génisses, et tous les animaux des campagnes, *pour leur faire goûter la fertilité de l'abondance,* jusqu'aux oiseaux du ciel, *qui respireront un air plus pur,* et les poissons de la mer qui circuleront dans les eaux d'un *seul océan.* O Seigneur notre Dieu, que votre nom est admirable par toute la terre !

Post-Scriptum.

Mais quand ces choses arriveront-elles ?

On s'est si souvent trompé en voulant assigner des dates pour l'accomplissement des prophéties, que nous n'osons véritablement pas déterminer la fin de nos maux, bien que cet opuscule y aspire par la prière. Toutefois, sans parler de ce que nous avons dit de la sybille d'Erythrée (p. 63) et sans donner à ce que nous allons dire de la sœur de Manille et de Marie Lataste, une autorité plus ample, nous allons les citer ; libre à chacun de conclure.

La sœur de Manille affirme que « le DOGME de l'Immaculée Conception sera ajouté comme treizième mystère au *Credo,* par un concile célébré une année où Noël tombera un vendredi. » Serait-ce la continuation du concile en cette année 1874, où Noël est un vendredi ?

Marie Lataste annonce en ces termes la captivité de Pie IX :

« L'affliction viendra sur la terre, l'oppression règnera dans la cité que j'aime et où j'ai laissé mon cœur ; elle sera dans la tristesse et la désolation ; elle sera environnée d'ennemis de tous côtés, comme un oiseau pris dans les filets. Cette cité paraîtra succomber PENDANT TROIS ANS, et un peu de temps encore après trois ans. » (La captivité de Pie IX a commencé le 20 septembre 1870.)

« Ma mère descendra dans cette cité : elle prendra la main du vieillard qui siége sur un trône et lui dira : « Voici l'heure, lève-
» toi, regarde tes ennemis, je les fais disparaître les uns après les
» autres, et ils disparaissent pour toujours ; tu m'as rendu gloire
» au ciel, je veux te rendre gloire au ciel et sur la terre. »

FIN.

APPENDICE.

§ 9. — Nouvelle apparition au Franckemberg (1).

Une noble dame, qui ne produit de son nom que le lieu de sa naissance : LA PARISIENNE, donne par le récit de nouvelles Apparitions en Alsace la suite des événements antérieurs. Nous remercions pour notre part cette courageuse pèlerine des détails circonstanciés qu'elle fournit, et nous lui renvoyons ici l'honneur de son zèle persévérant à pénétrer, malgré tant d'obstacles, les cohortes prussiennes pour manifester les diverses Apparitions dont elle aurait désiré d'être elle-même l'heureuse témoin. Nous espérons qu'elle trouvera dans cet opuscule quelques consolations, en lui donnant l'assurance qu'elle a fait, à notre avis, une bonne œuvre.

PREMIER PÈLERINAGE.

Cette noble dame, disons-nous, est partie de Paris le 23 mars 1873. Elle va nous montrer encore le merveilleux enchaînement de toutes les Apparitions de la sainte Vierge à la Salette, à Lourdes, à Pontmain et à Samois ; en sorte que nous pouvons dire, d'après son récit, que les dernières Apparitions de l'Alsace en abandonnent *la suite* à Samois comme *au prochain numéro.*

Le 25 mars au soir, fête de l'Annonciation, *la Parisienne* reçoit le témoignage d'une jeune Alsacienne nommée Anna. Anna lui dit que le « 2 février, fête de la Purification, Marie est apparue (10) dans toute sa splendeur, avec une couronne sur la tête, semblable aux médailles de l'Immaculée Conception. Elle était d'abord de taille ordinaire, puis toute petite et en blanc comme une enfant en toilette de première communion. » (p. 65).

---

(1) Voir *Les Trois pèlerinages authentiques aux apparitions d'Alsace par une Parisienne* (librairie de Victor Palmé). Nous marquons les numéros des pages de cet intéressant écrit.

Ensuite deux petits garçons et une petite fille ont vu l'Immaculée Conception vêtue de blanc et de haute stature, la main gauche appuyée sur la hanche, et de la main droite faisant signe d'approcher. Elle planait au-dessus du sol entre deux sapins espacés d'un mètre. Une couronne d'or brillait sur son front. » (11) C'est ainsi que plusieurs tableaux et statues du moyen âge représentent Marie d'une grande taille, tandis que ceux qui l'honorent sont devant elle comme des pygmées. Et cette disproportion déjà remarquée ici (p. 23) annonce, comme à Pontmain, le retour des temps antédiluviens.

C'est ainsi que la Vierge apparaît encore à une fille d'une trentaine d'années. « La première fois elle était à un mètre de terre et plus blanche que la neige. Sa jupe était très-ample, » comme à Samois (p. 69) « et sa taille longue. Elle s'avançait sans qu'on la vît marcher, planant toujours à quelques pieds au-dessus du sol. On a voulu l'entourer, mais elle a disparu. On a recommencé la récitation du chapelet, et elle a reparu de nouveau comme une grande dame avec une robe serrée à la taille, les mains jointes. Tout était blanc. On n'a pu distinguer la physionomie, à cause de l'éclat. Les assistants ont entonné un cantique ; à ce moment l'éclat a diminué ; néanmoins on n'a pu apercevoir ses traits. La pieuse fille voulait chanter comme les autres, mais elle n'avait plus de voix. » (13)

« Une autre fille de trente-cinq ans a vu Marie, couronnée d'or, planer au-dessus de la terre, tellement resplendissante de lumière, qu'on ne pouvait ni la fixer, ni discerner ses traits. Sa robe était serrée à sa taille et formait de beaux plis (p. 58). Un peu plus loin, et très-nettement isolée de la première vision, comme si un obstacle matériel, ruisseau ou fossé, l'en eût séparé » (quel est cet obstacle matériel ? La suite le fera connaître) était une forme blanche que les assistants ont prise pour l'Ange Gabriel (16). » Nous croyons que cette forme blanche ou cette ombre est saint Joseph, en prenant l'ombre qu'a vue à Samois la petite Amélie (p. 68) pour le vieillard ou saint Joseph, que les autres petites ont vu dans la fuite en Egypte (pp. 57, 62).

« En février une petite fille a vu pendant trois heures la sainte Vierge couronnée d'or et toute vêtue de blanc. Elle avait une figure toute fine, des cheveux châtains qui flottaient sur ses épaules ; elle tenait, » comme à Pontmain, « l'enfant Jésus, que l'on voyait passer alternativement d'un bras à l'autre. L'enfant Jésus avait aussi de petits cheveux châtains tout frisés. » La couleur châtaine du Fils et de la Mère désigne un personnage auquel tous les deux sont virtuellement unis ; car ce n'est pas la chevelure sous laquelle on les représente ordinairement. On voyait l'enfant Jésus passer alternativement du bras gauche sur le bras droit de sa Mère ; sur le bras gauche, il apparaît dans le tableau de l'église de Thenon, copie de Il Capucino, pour laisser à sa Mère le droit d'intimer ses ordres ; et sur le bras droit il apparaît en Alsace (p. 81) pour montrer la puissance de Marie par le renouvellement de toutes choses. « Il était très-beau et tenait à la main un globe d'or, » sur lequel plusieurs fois s'est présentée à nos yeux une croix tantôt penchée, tantôt redressée. « Tous deux laissaient tomber sur le peuple des regards pleins d'un intérêt affectueux. » En effet (comme à Samois, p. 64), Jésus en disparaissant confère à sa Mère un pouvoir de miséricorde ; « et la divine Marie bénit alors l'assistance par trois fois à droite, à gauche et derrière (19), » en trois parties de sa personne, comme fille du Père, mère du Fils, épouse du Saint-Esprit, pour marquer les trois amours légitimes dans la famille, l'amour paternel, filial et conjugal (pp. 9, 65, 72).

Les scènes se succèdent ayant leur actualité. « Tantôt c'est Pie IX protégé par la sainte Vierge (20), tantôt c'est Napoléon III qui succombe sous ses yeux (20), tantôt des armées s'entrechoquent sous la terreur qu'inspire une grande croix noire sur le croisillon de laquelle est une tête de mort ; et cette croix » d'un triste augure « est surmontée d'une autre tête qui tourne continuellement » pour figurer les agitations de la chambre élective (21). « Puis la sainte famille est représentée dans la grotte de Bethléem ; » (21) de même qu'à Samois, la sainte famille apparaît dans sa fuite en Egypte (pp. 57, 61), pour marquer l'état d'abandon et d'exil de l'Eglise ; « et ce deuil est affirmé par les vêtements noirs de la Mère et de l'enfant Jésus qu'elle tient sur son bras gauche. » (22)

« Mais le 4 mars, la persécution prend fin par l'assistance visible de l'enfant Jésus, vêtu de noir en faveur de Pie IX, contre les soldats à casque qui tombent tous à sa vue raide-morts et sans miséricorde, en punition d'un affreux massacre dont ils ont été les exécuteurs. » (22)

2e PÈLERINAGE.

« Voici maintenant figurer le maréchal de Mac-Mahon, Pie IX et un prince qui porte sur son visage le sceau de sa race et bien d'autres personnages encore, etc. » (27)

« Attiré par les lueurs qui frappent et conducteurs et voyageurs (25), et par de suaves parfums qui respirent l'encens et le jasmin (31), le pélerin attend souvent inutilement les faveurs des apparitions de Marie (32) ; toutefois, ces lueurs et ces parfums sont la récompense de sublimes efforts pour grimper en pleine nuit sur un terrain abrupt et glissant jusqu'au sapin miraculeux où Marie a daigné se montrer (36). Il faut redescendre sans autre consolation (37) que les récits d'autres merveilles. »

« Un jeune séminariste a vu toute petite une statue de l'Immaculée Conception, » comme à Pontmain (p. 22), « ce qu'il déclarait avec l'assurance qu'eût donné le martyre (41) ; tandis que dans une autre ascension le jour de l'Invention de la sainte croix, plusieurs autres personnes avaient aperçu auprès des châtaigniers, une bête fantastique, sans tête, qui se promenait et rôdait autour d'elles » (46). Etait-ce une image de cette bête de l'Apocalypse, le démon, que saint Jean aperçoit la tête arrachée ? Nous sommes incliné à croire que *Satan*, dans nos temps calamiteux, reparaîtrait de même, sans autre puissance que celle de ses suppots, puisqu'*il est enchaîné*, (Apoc. 22), mais par eux *il peut séduire le monde* et *rôder*, comme dit saint Pierre, *cherchant qui dévorer.* (1. saint Pierre, 5, 8). C'est cette même bête qu'une autre personne de l'Alsace voit énorme, couchée et tenant sous ses pattes un enfant endormi (54). Le sommeil de cet enfant dénonce une négligence de la part de la personne qu'il représente, et qui devrait *veiller et prier pour ne pas tomber en tentation.* (Saint Matth., 26, 41.) Combien de disciples qui dorment aujourd'hui, tandis que le Seigneur leur crie : *Dormez maintenant, le voici qui s'approche celui qui doit me livrer.* (Ibid. 26, 45.)

La sainte Vierge donne, comme à Pontmain (p. 42) la raison de l'agrandissement de sa statuette. « Elle apparaît cette fois à une candide enfant tout en blanc et de grandeur naturelle, » telle que l'avait vue toute petite le jeune ecclésiastique. Puis la vision de la petite fille se poursuit en rapport avec celle qui précède, « lorsqu'elle aperçoit dans la main virginale de Marie un petit encensoir d'or, » comme celui que tient l'Ange de l'Apocalypse (8, 3, 5), d'un côté pour renverser les feux vengeurs contre les impies, de l'autre, Marie « pour bénir les objets confiés à l'enfant dans le but d'obtenir grâce » (48).

Mais voici la consolation à côté de ces terribles tableaux. « Le 29 avril 1873, une jeune fille a vu la sainte Vierge toute resplendissante et d'autant plus éblouissante qu'on la priait davantage. Elle était vêtue de blanc. De longs cheveux blonds tombaient sur ses épaules. Sur son bras gauche l'enfant Jésus avec ses cheveux blonds bouclés était assis vêtu aussi de blanc, ayant le bras droit appuyé sur le cœur de la Vierge et tressaillant d'allégresse. Sept ou huit têtes d'Anges entouraient la Mère du Sauveur, et derrière leurs ailes on apercevait une grande statue de saint Joseph » (56).

Tout respire ici la joie, l'innocence et la puissance. La joie et l'innocence par ces vêtements éclatants de blancheur et ces cheveux blonds bouclés qui ornent les figures de Jésus et de Marie. Cette pose de l'enfant, étendant sa droite sur le cou de Marie, figure la puissance de Marie qui intime ses ordres comme dans le tableau de Il Capucino (p. 83). Notre-Dame *auxiliatrice* (p. 34) apparaît encore au milieu des sept Anges, comme dans l'*auxiliaire*. Les sept Anges sous l'inspiration du Saint-Esprit, par ses sept dons, conseillent les sept vertus, théologales et cardinales, dérivées des sept canaux de la grâce, les sept sacrements pour aider par la prière, les sept demandes du *Pater*, à accomplir les commandements de Dieu et de l'Eglise.

La puissance a sa base dans Notre-Dame « du pilier, sur lequel paraît saint Joseph. » Tout semble énigmatique et tout est révélation.

La consolation se manifeste encore à la même jeune fille, lorsque « le 3 mai, fête de l'Invention de la sainte Croix, un petit nuage se déchire lentement pour laisser voir la sainte Vierge, les bras étendus comme l'Immaculée Conception. Elle est vêtue de jaune, » paraissant emprunter cette fois la lumière en ce moment blafarde du soleil. « Un grand voile blanc flotte sur ses cheveux blonds ; et elle promet en souriant que l'Alsace et la Lorraine redeviendront françaises. » Mais il faut croire que cette transformation ne se fera pas sans douleur : « Les personnes présentes invoquant Notre-Dame de la Salette, deux grosses larmes s'échappent des yeux de la Vierge au moment où ces personnes prononcent le mot *Patrie*. Et c'est du milieu du petit nuage gris, » sombre nuage, « qui se referme, que Marie donne par deux fois sa bénédiction » (58). Voilà la vision qui couronne la fête de l'Invention de la sainte Croix le 3 mai 1873. Mais deux jours après, le 5 mai, fête de saint Pie V, lequel n'a pas peu contribué par ses prières à la victoire de Lépante contre les Musulmans, « une dame voit une estrade qui se forme (61) sur le versant du Franckenberg, au sommet duquel s'élève encore la ruine solitaire, où la légende veut que sainte Clotilde ait habité, et que sainte Geneviève soit venue la visiter (60). Sur la marche de l'estrade la sainte Mère apparaît. Elle est debout, grave et sérieuse, vêtue de blanc avec une ceinture bleue, comme à Samois, mais sans franges, « ses mains sont baissées et croisées devant elle, » (pp. 59, 72), ses cheveux et son front (64) sont recouverts d'un voile blanc, clair, fin et transparent comme de la gaze » pour indiquer la transparence même de sa révélation. « Puis à côté d'elle apparaît debout Notre-Seigneur Jésus-Christ avec des vêtements bleuâtres à reflet d'or » comme les Martyrs, couleur hyacinthe de l'Apocalypse (9, 17), pour signifier par ces vêtements les glorieux athlètes qui vont lui faire cortége. « La figure belle et régulière est ornée de beaux cheveux qui retombent sur ses épaules (62).

« Les arbres se nouent entr'eux et forment une palissade qui devient ensuite toute dorée. » Cette luxuriante végétation annonce l'âge d'or qui couronne tous les tableaux de ces visions (p. 87).

Tout se raccorde aux apparitions de Samois pour « le Calice brillant en or (pp. 60, 66) que le Seigneur présente à trois personnes agenouillées de profil à sa droite, vêtues de costumes différents brochés en or ; il y en a qui ont des voiles. » Ces trois personnages sont le grand Pontife, le grand Monarque et la femme qui suit le grand Monarque. Le grand Pontife est revêtu de l'amict qui lui couvre la tête, et c'est une sorte de voile semblable à celui que revêt la femme qui suit le grand Monarque, lequel n'a point de voile. Mais ce qui est significatif, comme à Samois (pp. 60, 70), c'est que « le *Calice* repose sur une patène en or pour lui servir de plateau sans Hostie, » (62) pour marquer d'une manière expresse l'état laïc des trois personnages en question. « Puis la sainte Vierge bénit les pélerins, comme fait le prêtre à l'autel, en traçant le signe de la croix de la main droite. » (44)

3ᵉ PÈLERINAGE.

« Le jour de l'Annonciation, Mᵐᵉ N*** a vu un fort qui s'est bâti en quelques minutes ; et sur ce fort il y avait une petite marche » pour montrer la promptitude du puissant secours dans la faiblesse des moyens employés. « Sur cette petite marche, » c'est-à-dire en s'appuyant sur le Pontife saint, qui n'est qu'un timide mortel, « la sainte Vierge est apparue avec un Ange, que Mᵐᵉ N*** a pris pour saint Michel. Alors il s'est fait un mouvement dans les remparts, comme si l'on y travaillait ; puis un personnage éblouissant a passé au bas du fort avec une épée, » c'est le grand Monarque ; et « le Pontife saint a reparu avec une capote. » (72)

« Quelques jours auparavant le 20 mars, Mᵐᵉ N*** avait vu une estrade remplie de monde, sur le devant de laquelle était le saint Père, debout, une belle croix pectorale sur la poitrine, un gros livre noir dans la main *gauche*. » C'est le successeur de Pie IX. « A sa *droite* se trouvait la sainte Vierge et à sa *gauche* une étoile. » Le Pontife saint sera appelé l'*Etoile* (Théolofre). « Devant lui il y avait des hommes et des femmes vêtus de costumes divers, mais presque tous dorés comme les ornements sacerdotaux des évê-ques. Le saint Père leur a donné deux fois sa bénédiction, » comme pour bénir la famille dans l'un et l'autre sexe. « Derrière l'estrade se tenaient deux grands personnages de mauvaise mine, deux sou- verains sans doute qui regardaient vers Krütt. La petite fille de Mme N*** s'était écriée : « C'est bien sûr Victor-Emmanuel et Bis- mark ! » (72, 73).

Voici encore une vision qui se rapporte à celle de Samois. « Vers midi, au haut de la colline, parut la sainte Vierge avec une robe blanche et une ceinture bleue (p. 69). De même encore son voile était blanc, et ses mains croisées devant elle ; elle paraissait à un mètre de la montagne et comme y planant. Elle a disparu, puis reparu avec une robe bleue, » comme la reine du ciel à Pontmain (p. 20) « et gracieuse et souriante elle semblait disposée à tout accorder. » (74, 85) « La voyante, malgré son émotion, retrouva pourtant assez de présence d'esprit pour implorer la bénédiction de Marie ; mais, dans son trouble, elle ne la vit pas distinctement donner sa béné- diction comme en d'autres apparitions. « LA SAINTE VIERGE EST PAR- » TIE POUR TOUT DE BON, dit Mme N*** ; ELLE EST ALLÉE SE MON- » TRER A D'AUTRES. » (75) A qui ? Aux petites filles de Samois. En effet, en rapprochant les dates, « près de la sainte Vierge » en dernier lieu « il y avait encore les trois personnes du *Calice ;* mais on ne les distinguait pas bien (p. 87). Enfin il s'est formé comme un calvaire sous un dôme de pierre, » c'est le tombeau de Samois (pp. 58, 64, 33). « Puis tout cela a paru bouleversé, et il ne restait plus que des ruines » pour signifier les grandes catastrophes. « Une demi-heure après tout était fini. » (75)

Ainsi, *comme un faon de biche, la Bien-aimée saute d'un bond de la montagne* (cant. 2, 8, 9) de la Salette à la plaine dans la grotte de Lourdes ; elle s'élance de là jusqu'à Pontmain, vole au secours de l'Alsace, s'appuie à Paris sur le tertre de Montmartre et vient s'abattre en cherchant un asile dans la forêt de Fontaine- bleau.

7

§ 10. — Apparition à Willelsheim (Haute-Marne).

C'est là que la sainte Vierge semble répondre elle-même aux disciples en grand nombre qui ressemblent à saint Thomas, nous voulons dire à ceux-mêmes parmi les disciples du Seigneur qui refusent de croire aux apparitions comme aux prophètes. Les fausses interprétations des prophéties modernes ont malencontreusement détourné la croyance à ces prophéties. On va même jusqu'à affirmer, dans un certain monde religieux, que les prophéties anciennes ne concernent que la venue de Notre-Seigneur et s'y arrêtent, et que, le Messie attendu étant arrivé, il n'y a plus lieu de s'occuper des anciennes prophéties bibliques relatives à la suite de la religion sous le Nouveau Testament. Suivant cet ordre d'idée, on a rejeté *à priori* toutes les prophéties particulières, quoiqu'elles s'appliquent à des événements remarquables sous tous les rapports. Peu s'en faut que ces esprits prévenus n'accueillent avec dédain les prophéties d'une sainte Brigitte, d'une sainte Hildegarde si respectées d'ailleurs dans l'Eglise de Dieu.

Eh bien ! dans la crise actuelle que nous traversons, l'esprit prophétique se réveille plus que jamais. Et qu'on ne dise pas que c'est une erreur de le croire, car toutes les apparitions récentes de la sainte Vierge sont prophétiques, et les glorieux pèlerinages qui s'en sont suivis, autorisés par le grand Pie IX, sont une tacite approbation de tout ce que révèlent le langage de la sainte Vierge ou les emblêmes qu'elle prend. Ne nous laissons pas entraîner, sans motifs, à cet esprit de critique, né du Protestantisme, et que l'on pourrait qualifier de respect-humain en présence de la fausse réforme. C'est un parti pris de considérer tout ce qui est merveilleux comme une légende insignifiante, renouvelée de la simplicité gothique des temps barbares. La renaissance dans les lettres et les arts ne peut engendrer une aussi sévère critique.

« Marie-Anne S*** voit habituellement à Willelsheim une grande sainte Vierge qui remue, qui parle, et qui, appuyée sur la statue de saint Joseph, donne sa bénédiction » (80).

» Une jeune fille, Mademoiselle B***, a vu, depuis le jour de Pâques 1873, la sainte Vierge seule aux pieds de sa statue dans l'église, toujours sous le même costume, c'est-à-dire en bleu, les cheveux pendants, petite comme une statuette et paraissant sortir d'un bouquet de fleurs qui la masquait jusqu'à la taille. »

« D'abord, était représenté le mystère de la Nativité. La sainte Vierge et saint Joseph paraissaient penchés d'un côté et de l'autre vers l'enfant Jésus (51). A la tête de l'enfant brûlait un cierge, tandis que les bergers arrivaient. Le lendemain eut lieu la même représentation, si ce n'est qu'un ange planait au-dessus, tenant une banderole où était écrit : *Gloria in excelsis Deo*. Dans l'après-midi venaient les trois mages guidés par l'étoile. »

« Aux vêpres du jour de Pâques, la même personne a vu Notre-Seigneur sur le tabernacle, le front ceint d'une couronne d'or avec un manteau d'écarlate à franges d'or parsemé d'étoiles scintillantes. Et après vêpres, elle ne vit plus que le buste de Notre-Seigneur de grandeur naturelle et dépouillé comme à la flagellation. »

« Le dimanche de *Quasimodo*, elle vit encore au-dessus Notre-Seigneur, tout en bleu et le côté percé. Derrière Notre-Seigneur apparaissait la sainte Vierge, le front ceint d'une couronne d'or, avec un voile bleu parsemé d'étoiles » (82).

On peut remarquer par le rapprochement des visions de la femme Marie-Anne S*** et de Mᴷˡᵉ B***, que la sainte Vierge vue petite, d'abord, prend des proportions gigantesques, comme nous l'avons remarqué précédemment (p. 23). Saint Joseph tenant un cierge joue toujours un grand rôle dans l'une et l'autre apparition. Et si d'abord c'est le mystère de la Nativité qui est représenté avec ses adorateurs, anges, pasteurs et rois, comme pour figurer le rétablissement de la religion par le renouvellement des ordres religieux après la Révolution de 1793, plus tard c'est encore la flagellation avec le manteau de pourpre, pour annoncer une autre persécution momentanée, qui n'ira pas du moins en partie jusqu'à la mort, puisqu'on ne voit pas le crucifiement (p. 28). Aussitôt après c'est la résurrection comme l'emblême du beau règne paraît la plaie radieuse du Sacré-Cœur.

« Ce n'est que le 15. mai que Mme B***, la mère de la jeune privilégiée, a reçu la même faveur. Le digne curé, disant la messe, sa chasuble apparaissait à la voyante, tantôt avec les figures de l'Immaculée Conception, tantôt avec celle du Saint-Père, Pie IX. Elle voyait aussi le saint curé avec une couronne d'or, et aussi une couronne apparaissait sur le dos de sa chasuble pendant qu'il célébrait les saints mystères. » C'était pour annoncer par ces insignes la glorification du clergé.

« Le démon lui est ensuite apparu s'agitant dans des convulsions horribles dirigées contre la statue de Marie. » C'était l'annonce de ce qu'elle a vu le 24 mai : « Une réunion d'hommes apparaissaient avec le chapeau sur la tête, et au-dessus de cette assemblée planaient deux aigles ; l'une, l'aigle prussienne avait les ailes dorées et brillantes, mais le corps noir ; l'autre, l'aigle française, était d'un jaune d'or assombri, » comme par l'obscurcissement des astres, « et paraissait terne et comme lavée. Un des personnages, sans chapeau et tourné vers le peuple, était le comte de Chambord. Au-dessous des aigles (83) flottaient deux drapeaux. Sous l'aigle française un drapeau jaune marqué d'une croix, celui du Pape à coup sûr ; et sous l'aigle prussienne un drapeau représentant un cœur et une épée, comme l'étendard des zouaves. La même vision s'est renouvelée même sans drapeau ; » comme pour marquer que les difficultés sur le drapeau étaient levées par l'union de l'étendard du Pape en France à celui des zouaves, nés de l'Allemagne pour soutenir le bon droit.

« A une date plus rapprochée de la chute de M. Thiers, Mme B*** a vu une autre assemblée très-tumultueuse, et au milieu de ce groupe agité un homme à cheveux gris, qui n'était autre que notre président actuel, le maréchal de Mac-Mahon. »

« Cependant pendant le mois de Marie, Anne voyait la sainte Vierge de haute stature, selon son habitude (p. 22), couverte d'une robe blanche et d'un manteau bleu clair (p. 20). Elle tenait dans sa main un bouquet de roses, » (84) comme pour marquer autant par sa taille que par les fleurs printanières le renouvellement splendide de la nature dans un perpétuel printemps (p. 46, note 1).

Cependant, ne croyons pas toucher à ce moment fortuné sans passer par les afflictions. « Marie-Anne S*** a vu la sainte Vierge lui apparaître avec une verge noire dans une main et un bouquet de roses noires dans l'autre. » La verge noire signifie l'horrible fléau des ténèbres, où la rose perdra son éclat, même au milieu de l'été, pour revêtir toute absence de couleur. Mais « une fumée blanche se forme qui enveloppe toute la vision ; » c'est l'aurore des beaux jours, où « le bouquet reprendra sa couleur naturelle après qu'aura disparu la verge » (85) de ce terrible fléau.

Enfin, Mme B*** voit le 29 mai « deux démons qui s'acharnent avec fureur pour endommager et détruire la niche de la sainte Vierge dans l'église. » C'est la persécution suscitée de nos jours contre l'Eglise de Dieu. Aux efforts du premier parti qui dépouille le souverain Pontife de ses États, succèdent coup sur coup les violences de la Révolution qui veut tout massacrer et tout détruire. C'est une nouvelle Gironde pour la seconde fois vaincue par la Montagne. Mais cette dernière puissance infernale *sera emprisonnée dans les ténèbres*, selon l'expression du livre de la Sagesse (17, 2) (symbole de saint Athanase expliqué par sainte Hildegarde, p. 35-37), pour l'empêcher de nuire. Force alors sera d'abandonner le parti de la révolution et de l'irréligion. (*Système du monde d'après Moïse* p. 353 ; *Scivias* de sainte Hildegarde, p. 160-161). « Le peuple témoin de ce prodige et saisi d'une grande crainte, dira : « Hélas ! hélas ! Qu'est- » ce ? Quelle chose extraordinaire ! Ah ! qui pourra nous délivrer ? » Nous ne savons pas comment nous avons pu nous laisser séduire. » O Dieu tout-puissant ! ayez pitié de nous ! Revenons, revenons » donc. Hâtons-nous d'embrasser le Testament de l'Evangile du » Christ ; car, hélas ! hélas ! nous avons été séduits ! »

Un mot maintenant à ceux qui imitent saint Thomas : « Le Saint-Père se montre devant la statue de saint Joseph en pèlerine, calotte blanche et en surplis (p. 45, note 3) avec la croix pectorale, » c'est-à-dire dans les plus simples ornements d'un simple clerc, comme on l'a déjà vu en Alsace. « Puis une personne, qui peut être arrivée avec un parti pris d'incrédulité, a vu à côté de la sainte Vierge, » c'est-à-dire en face de ses nombreuses apparitions, « elle a vu, » disons-nous, « saint Thomas mettant son doigt dans la large plaie du côté de son Maître » (87) (p. 89).

§ II. — Fontêt.

Nous ne dirons rien des révélations de Berguille à Fontêt, près de Bordeaux, jusqu'à ce que l'autorité diocésaine se soit prononcée, si ce n'est qu'elles annoncent comme prochain l'avènement du successeur MÉDIAT de Pie IX !

FIN.

Périgueux. — Imprimerie DUPONT et Cᵉ, rues Aubergerie et des Farges.

www.ingramcontent.com/pod-product-compliance
Lightning Source LLC
Chambersburg PA
CBHW071519200326
41519CB00019B/5990